可持续设计与实践

功能化竹纤维织物与服饰产品创新

李雪梅 · 杨 峰 魏勤文 ◎ 著

KECHIXU SHEJI YU SHIJIAN

GONGNENGHUA ZHUXIANWEI ZHIWU
YU FUSHI CHANPIN CHUANGXIN

中国纺织出版社有限公司

内 容 提 要

本书主要针对竹纤维材料，从纤维、改性、面料形成、植物染色、数字图案形成、产品设计与实现六个方面进行研究，探索了一种基于天然材料的可持续设计程序与方法。内容新颖，对产品设计人员及相关专业学生有一定参考价值。

图书在版编目（CIP）数据

可持续设计与实践：功能化竹纤维织物与服饰产品创新／李雪梅，杨峰，魏勤文著 . -- 北京：中国纺织出版社有限公司，2022.1
ISBN 978-7-5180-8444-9

Ⅰ . ①可⋯ Ⅱ . ①李⋯ ②杨⋯ ③魏⋯ Ⅲ . ①竹材—纺织纤维—纺织工艺 Ⅳ . ① TS102.2

中国版本图书馆 CIP 数据核字（2021）第 048825 号

责任编辑：朱利锋　　责任校对：王蕙莹　　责任印制：何　建

中国纺织出版社有限公司出版发行
地址：北京市朝阳区百子湾东里 A407 号楼　邮政编码：100124
销售电话：010 — 67004422　传真：010 — 87155801
http://www.c-textilep.com
中国纺织出版社天猫旗舰店
官方微博 http://weibo.com/2119887771
北京新华印刷有限公司印刷　各地新华书店经销
2022 年 1 月第 1 版第 1 次印刷
开本：787×1092　1/16　印张：8.25
字数：104 千字　定价：108.00 元

序

设计是推动人类文明前进的有目的的创造性活动。自21世纪以来，我国推动创新设计发展的核心是塑造以设计与美好生活的关系为前提的、健康的发展观和方法论。而设计创新能力与产业的融合发展成为时代主题，一直是研究探索的重要领域。尤其随着AI、物联网、大数据、3D打印等新技术的出现，社会发展出现颠覆性的变化，设计面临新的机遇和挑战。设计与技术、工程、艺术的关系交织又互动频繁，有效的设计创新方法的探索成为紧迫性研究课题。

当下，我国社会经济发展面临国内外多重压力，深化供给侧改革是国家推进现代产业体系建设以及推动制造业转型升级发展的重要任务。设计创新自"十二五"就被写进发展规划，作为科技成果的重要孵化而被产业重视。利用设计的方法和手段孵化一种或多种技术，为用户提供体验场景是设计孵化技术的重要技术路径之一。其中尤为重要的是如何为先进技术创造用户体验场景，并进一步将技术的应用转化成为产品或服务，创造用户价值、创造市场价值成为关键制约因素。与此同时，技术转化也带来了一系列问题，如气候变暖、环境污染、资源消耗等。于是，亟须讨论一种新的设计机制或者方法驱动设计创造价值的最优化。

2018年，我们申请北京市高水平师资团队建设项目，并获得资助，目的是通过探索新技术设计转化的路径培养一支优秀的设计队伍，掌握将高科学技术转化并构建一个与自然生态和谐共处的产品系统的方法，并将这一方法和设计教育紧密结合，为国家、社会和产业培养更多的创新型设计领导者。项目组通过3年的设计试验，并充分考虑当下全球语境下设计的发展，深度思考设计与科学、工程、艺术的交叉路径，进一步思考设计约束机制与设计创新机制的平衡，更深入地思考一种全新而有效的设计技术路径。

该书是创新团队项目的重要研究成果，不仅对设计转化高科技的方法进行了深入应用与实践，还融入可持续发展理念。在全球化语境下，可持续设计作为一种创新设计的方法，一直致力于为人类提供创造性的解决方案，并随着联合国17项可持续发展指标的推进而备受关注。因此，创新团队项目注重高科技转化中的伦理约束机制，在项目的推进过程中，始终把可持续设计的理念贯穿其中。

该书的产品设计成果均以竹纤维材料技术转化为基础进行实践，分别从材料的改性研究、产品设计应用研究和数字化设计方法研究三个方面深入拓展，将材料、造物和数字技术进行有效结合，探索并形成了多种针对天然生态纤维的产品设计方法。

本书的写作团队是创新团队项目的骨干，从人员结构上也充分体现了学科交叉的特点，杨峰博士获得国家自然科学基金的资助，长期以来对技术和设计的交叉研究有浓厚的兴趣和广泛而深入的实践经验。李雪梅教授长期从事设计艺术教学，从艺术与科技融合的视角孜孜不倦地探索，并有独特学术见解。魏勤文老师、赵碎浪老师、周小凡老师和王涛老师是青年一代对设计交叉学科研究有浓厚兴趣且乐于深入探索的青年学者。本书中介绍的研究成果充分体现了上述学者对前瞻性设计研究以及设计教育的观察和思考，以及难能可贵的深入探索精神。

北京服装学院学术委员会主任、
中国工业设计协会副会长：兰翠芹
2021年9月于北京

目 录

第一部分

竹纤维材料研发

1. 前言

1.1中国竹纤维及其产业介绍

化石能源过度开采，造成了一系列环境问题，严重影响了人类的生产生活。纺织领域中，传统植物纤维（棉、麻纤维等）受限于生产规模，不能较好地满足人类穿衣用度的需求。基于此，新型天然纤维素纤维的开发和利用，近年来得到了蓬勃发展。我国被誉为"竹子王国"，竹材种类、种植面积和产量均居世界前列。竹子生长周期短（3~5年成材），一次栽种、永续利用，对于天然纤维素纤维的制备，竹子可以说是我国在地化的最合适的原料来源。

以有机生态的新鲜竹子为原料开发的竹纤维（再生纤维素纤维）已具有成熟的制造技术。竹纤维具有良好的可纺性和服用性能，是继棉、毛、丝、麻之后我国自主研发、具有知识产权的产品。自1999年研发成功以来，竹纤维产业得到了较快发展。2006~2015年共计生产竹浆纤维约20万吨，纤维创造价值约30亿元，纱线约60亿元，产成品约200亿元，为社会创造了巨大的经济效益。行业成立了以吉林化纤集团为龙头的107家实体企业组成的天竹联盟，由中国纺织工业联合会领导，主要进行天竹纤维及其系列化产品的开发、生产、推广。随着我国经济的快速发展，纺织工业品从"短缺"走向"过剩"，曾经"缺衣少布"的老百姓的消费观念也发生了根本转变，更加注重环保、亲近人体，突显了竹纤维的优势。

绿色竹子，制成纺织纤维，通常有两种方法。一种是主要利用物理、机械的方法直接提取原生的纤维，这种天然纤维叫作竹原纤维，特别是生物脱胶制备的竹纤维，被誉为绿色环保纤维，缺点是工艺不成熟、产量少。另一种是主要利用化学法制成的再生纤维素纤维，也叫竹浆纤维，其产品规格和种类繁多，工艺成熟，可大规模制成各种规格的短纤、长丝纯纺纱，也非常适合与各种化学和天然纤维混纺。目前，市场上以"竹纤维"命名的产品几乎都为竹浆纤维。

从竹纤维纺织制品来看，其硬挺性、弹性、悬垂性及回弹性良好。竹纤维结晶度较低，占比极大的非结晶区赋予了竹纤维很好的染色性能。色谱齐全，上染速度快，且能与棉纤维染料共用。在一定条件下，竹纤维可分解成对环境无污染的二氧化碳和水，形成资源的循环利用闭环。竹纤维因其具有良好的可纺性、吸湿放湿性、抗菌和防紫外线，备受纺织服装行业的青睐。目前，竹纤维产业正朝着抗菌、防臭、驱螨纤维，抗紫外线纤维，远红外负离子纤维等功能纤维方向发展。

随着新型纺织材料的发明、纺织技术的提升，新型纤维材料和针织用纺织品不断被推向市场，层出不穷。在针织产品中，化学纤维面料可"按需生产"，在特殊性能、独特风格方面更具灵活性，在手感、风格、触觉、质感及成品外观方面的比较优势，提高了化纤针织产品的外观质量和服用性能。从我国化纤的发展来看，我国在20世纪90年代就告别了化纤原料短缺，目前整个化纤行业进入调整、回复和平衡阶段。化学纤维行业未来发展正朝着功能化、循环再利用化发展，高性能纤维正拓展并应用到航空航天、海洋工程、先进轨道交通、能源储备、可穿戴产品等高端领域。另外，服用化纤领域中，老百姓穿衣观念也在发生改变，棉麻等绿色、亲肤的纺织原料，由"不受待见"转向"大受追捧"。竹再生纤维素纤维就是在此背景下诞生的，一方面满足了市场的巨大需求，另一方面利用了我国储量巨大的竹子资源，是一种可持续、可循环的利国利民的产业。"十一五"以来，科研界也做了大量的工作，许多科技成果走出实验室，进入产业界，形成了大产业。"十三五"期间，Lyocell纤维被科技部列为生物基化学纤维产业化工程重点项目之一。科技部"十三五"重点研发计划课题"汽车内衬件用竹纤维增强异型构建加工与示范"也于近期通过专家评审，获得一致好评。福建省、四川省等地也将竹纤维等林业新兴产业纳入了省级的"十三五"战略规划。2017年7月，年产1.5万吨的Lyocell纤维产业化项目，在中国纺织科学研究院旗下绿色纤维股份有限公司实现全线开车达产，生产出的产品被下游客户抢购一空，供不应求。竹纤维正在中华大地上绽放光彩、方兴未艾。

竹Lyocell纤维的开发和利用，是纺织领域的竹纤维产业发展重点，目前已经基本形成共识。与此同时，继续优化竹原纤维、粘胶纤维的材料性能和生产工艺，推进竹纤维产业高质量发展。提高竹纤维的科技含量与附加值是重中之重。需要科研院所、高校、企业等联合攻关，开发出各类特殊性能和独特风格的竹纤维产品，从安全性、舒适性、功能性和美观性等方面，满足我国人民不断增长的物质精神需求。

1.2 个人热管理技术

能源消耗是21世纪人类面临的主要问题之一。人们为了获得舒适的体感，在住宅和商业空间供暖和制冷中，消耗了大量的能源。据有关数据，各类建筑中温度管理能源消耗占美国总能源消耗总量12.3%。"个人热管理"的概念已成为减少热量的有希望的替代方案，以替代室内温度调节的需求。个人冷却技术，是指以低成本和节能的方式，通过调节热量、局部冷却个人的温度，来获得舒适感。

个人热管理技术，最初的尝试主要通过改变织物的厚度、空气密度、孔隙率和纺织结构，来调节织物热导率。随后，将个人热管理与可穿戴设备相结合，被认为是最有前途的策略之一，其技术包括冷敷纺织品相变材料、空气调节纺织品和液体调节纺织品。虽然上述材料能够达到一定的功能性要求，但是仍存在较大局限性，例如，性能不显著、设备体积大不易携带、能耗大、工艺复杂、成本高等。为了解决这些问题，直接将热管理材料掺入纺织品中，以获得有效的个人热管理最近受到了极大的关注。最近报道了一种由纳米多孔聚乙烯制成的良好红外透明纺织品，具有纳米级的互连孔，可有效冷却人体。该课题组基于该纳米多孔系统，进一步开发了可穿戴设备的面膜。yang等开发了一种可扩展的随机用于白天个体热调节的玻璃纤维—聚合物复合超级材料。

对于纤维纺织材料，传导、对流和辐射是传输热量的三种主要途径，其中最重要的方式是传导。所以，用于个人热调节的导热纺织品，由于是贴近人体的，可能是最有发展潜力的个人热管理技术之一。当人们穿着具有导热功能的衣物时，人体产生的体表热量，较容易逸散到外部环境中，从而达到个人降温目的。基于导电纺织品的概念，将导热材料直接涂覆到传统纺织品上，已被视为一种冷却纺织品的有效和简单的方式，并且能够保持造型能力和耐磨性能。另外，由于工艺与染色工艺类似，因此具有成本效益，便于在纺织工业中的大规模应用。针对这些问题，各种导热材料，如铁、钢、铜和碳材料已被用于涂层纺织纤维，用于制造个人冷却导热纺织品。在这些改性剂中，石墨烯因其令人惊叹的高导热性，成为一种极优良的功能材料[热导率高于 3000W/（m·K）]，石墨烯材料的透射电镜照片如图1-1所示。

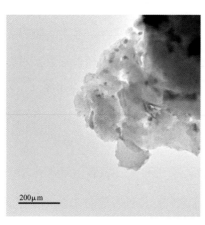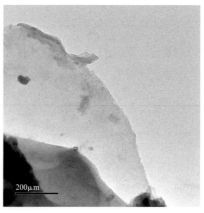

图 1-1　石墨烯材料的透射电镜照片（TEM）

包覆石墨烯材料主要包括石墨烯（G）、氧化石墨烯（GO）和氧化还原石墨烯（RGO）。由于石墨烯水溶液用于涂层织物时中其表面不带电，因此更倾向于使用氧化石墨烯（GO）和氧化还原石墨烯（RGO）。应使用分散剂来帮助石墨烯稳定地分散在溶液中。壳聚糖、聚醚酰亚胺（PEI）、十二烷基硫酸钠（SDS）、胆酸钠表面活性剂和纤维素纳米晶（CNC，图1-2）均可用作分散剂，用于制备性能优异的竹纤维和纺织品。

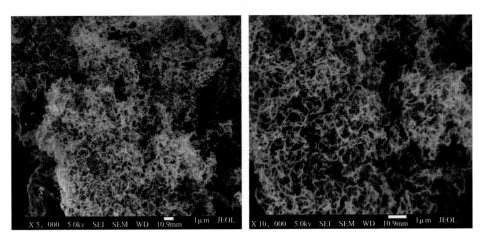

图1-2　纤维素纳米晶（CNC）的扫描电镜照片（SEM）

2. 实验材料

竹纤维织物（图1-3）和竹再生纤维素纤维织物，购于吉林化纤有限公司，平纹织造，经纬纱线密度14.8g/1000m，试样尺寸为100mm×100mm；纤维素纳米晶体（CNC）溶液为实验室自制；水溶性酚醛树脂（PF）溶液，固体含量75%，购于济宁恒泰化工有限公司；石墨烯（Gr）片层材料，购于江苏先丰纳米科技公司，厚度3～10nm，层数5层以下。

其中，将不同质量浓度的纤维素纳米晶体（CNC）溶液标记为分散剂A，将不同质量浓度的水溶性酚醛树脂（PF）溶液标记为分散剂B，将不同质量浓度的石墨烯（Gr）溶液标记为导热改性剂C，三者（分散剂A、分散剂B、导热改性剂C）的具体配比见表1-1。图1-3右图中，白色为未改性织物，黑色为分散液A改性样品，灰色为分散液B改性样品。分散剂A的浓度分别为1%、2%、4%；分散剂B的浓度分别为15%、20%、30%；改性剂C的浓度分别为1%、2%、3%。

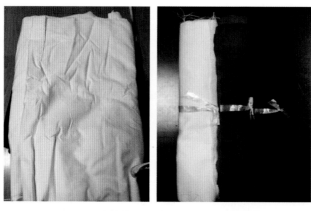

图 1-3 浸渍液处理前后竹纤维织物样品照片

表 1-1 实验原料配比（质量浓度）

样品编号	分散剂 A/%	分散剂 B/%	改性剂 C/%
1	1	15	0
2	1	15	1
3	1	15	2
4	1	15	3
5	2	20	0
6	2	20	1
7	2	20	2
8	2	20	3
9	4	30	0
10	4	30	1
11	4	30	2
12	4	30	3

图 1-4 所示为各种浸渍液制备过程的照片。其中 A 为石墨烯（Gr）材料；B 为 CNC 溶液；C 为 CNC/Gr 浸渍液；D 为石墨烯的 SEM 照片；E 为 PF 溶液；F 为 PF/Gr 浸渍液。

3. 实验设备

实验设备主要有真空浸渍设备、电热鼓风干燥箱和导热系数测定仪（图 1-5 ~ 图 1-7），其型号和生产厂家见表 1-2。

图 1-4 各种浸渍液制备过程的照片

表 1-2 实验设备型号及生产厂家

设备名称	型号	生产厂家
真空浸渍设备	—	自制，由真空泵、干燥皿组成
电热恒温鼓风干燥箱	DHG-905385-Ⅲ	上海新苗医疗器械制造有限公司
导热系数测定仪	ISOMET 2104	北京桔灯科技

4. 实验方法

按照表 1-1 所示的实验配比，分别称取 50gCNC 悬浮液（质量浓度为 1%、2% 和 4%）和石墨烯（1%、2% 和 3%，按照 CNC 溶液质量计），超声共混 1h，使石墨烯均匀分散在 CNC 溶液中，制得浸渍液 A；分别称取 50g 固体含量为 75% 的水溶性 PF 树脂溶液，调控质量浓度为 15%、20% 和 30%，并称取一定质量的石墨烯（1%、2% 和 3%，按照 PF 溶液质量计），超声共混 1h，使石墨烯均匀分散在 PF 溶液中，制得浸渍液 B。

将竹纤维织物以 96.5kPa（14psi）真空度分别置于浸渍液 A 和浸渍液 B 中 60 min，然后

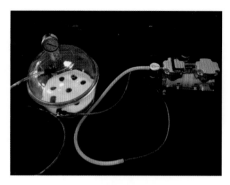
图 1-5　真空浸渍设备

图 1-6　电热恒温鼓风干燥箱

图 1-7　导热系数测定仪

沥干浸渍液，放于60°C鼓风干燥箱中烘至绝干，记录浸渍前后绝干质量。图1-8所示为浸渍后样品置于烘干架上的实物照片。

图 1-8　浸渍液 A 改性（左）和浸渍液 B 改性（右）后的竹纤维织物

5. 性能测试

5.1 旋转黏度计法测定浸渍液的黏度

采用在转速为750 r/min的条件下，用NDJ –79型旋转黏度计测定石墨烯添加前后，浸渍液溶A和浸渍液B的黏度（η）。

5.2 XRD测试

采用Ultima Ⅳ型X射线衍射仪（日本Rigaku），测试条件为：Cu的Kα辐射，步长0.02°，扫描速度6°/min，管压40kV，管流100mA。

5.3 增重率

增重率的计算如式（1）所示，结果精确至1%。

$$WPG = \frac{M_1 - M_0}{M_0} \times 100\%$$ （1）

式中：WPG ——增重率，%；

M_1 ——浸渍处理后的绝干质量，g；

M_0 ——浸渍处理前的绝干质量，g。

5.4 导热系数

通过导热系数测定仪测试并计算导热系数。采用稳态平板法测量，计算公式如式（2）所示，结果精确至0.001。

$$\lambda = mc \left.\frac{\Delta T}{\Delta t}\right|_{T=T_2} \cdot \frac{h}{T_1 - T_2} \cdot \frac{1}{\pi R^2}$$ （2）

式中：λ ——导热系数，W/（m·K）；

m ——铜散热盘质量，kg；

c ——铜散热盘比热容，记为385J/（kg·K）；

$\left.\dfrac{\Delta T}{\Delta t}\right|_{T=T_2}$ ——铜散热盘在T_2时的散热速率，mV/s；

h ——被测样品厚度，m；

$T_1 - T_2$ ——被测样品上下面温差，K；

πR^2 ——铜散热盘面积，m^2。

平板法是测试导热系数及热阻比较成熟的技术之一。里斯（Ress）对这一方法进行了改进，他将一块标样和织物试样并列夹于具有恒定温度梯度的两板之间，测量各层的温度分布，可以较快而准确地测定织物材料的热阻值。测试方法按照国家标准GB/T 11048—2018《纺织品 生理舒适性 稳态条件下热阻和湿阻的测定（蒸发热板法）》进行。

5.5 力学性能测试

采用微机控制电子万能试验机（HY-932CS型）进行拉伸试验（图1-9）。拉伸速率为1mm/min，每组测试3个样品，得到拉力—位移曲线，经过换算得到拉伸强力，单位为MPa。

采用全自动破裂强度试验机（HY-953型）进行顶破试验（图1-10）。将试样夹持在固定基座的圆环试样夹内，圆球形顶杆以恒定的移动速度垂直地顶向试样，使试样变形直至破裂，测得浸渍前后竹纤维织物的顶破强力，单位为MPa。

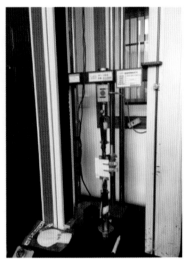

图 1-9　微机控制电子万能试验机

图 1-10　全自动破裂强度试验机

5.6 环境扫描电子显微镜（FE-SEM）观测

采用环境扫描电子显微镜（Quanta 200型，美国FEI）对浸渍前后样品表面进行微观形貌观察。取适量样品，用导电胶固定于样品台上，然后使用K575XD型溅射镀膜仪（QUORUM，UK）对样品进行喷金处理以增加导电性，将样品台放入样品室，抽真空后即可进行FE-SEM表征。

6. 结果与分析

6.1 黏度分析

黏度是对流体流动性的一种表征，反映了液体分子在运动过程中相互作用的强弱。黏度是衡量两流体层间产生摩擦阻力（黏滞力或牛顿内摩擦力）大小的量度，其大小由物质种类、温度、浓度等因素决定。在工业生产中，黏度测量是工艺计算、评定流体性质的主要参考数据之一。

（1）CNC/Gr浸渍液。图1-11所示为试验测得的CNC/Gr分散液黏度随Gr添加量变化的曲线，表1-3所示为CNC/Gr分散液黏度的变化率。

表1-3 CNC/Gr分散液黏度的变化率

CNC浓度/%	Gr添加量/%		
	1	2	3
1	72.6	81.6	108.5
2	8.1	13.2	29.4
4	4.7	11.8	37.9

根据图1-11可知，未添加石墨烯的情况下，浓度为4%的CNC溶液黏度为226.7 MPa·s，远大于1%浓度的CNC溶液黏度（20.1MPa·s），纯CNC浓度越高，黏度越高。纤维素纳米晶

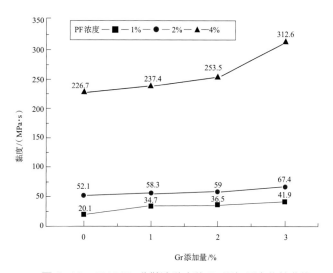

图1-11 CNC/Gr分散液黏度随Gr添加量变化的曲线

上的羟基、羰基或羧基通过相互之间或与水之间的氢键作用形成三维网络结构。从试验结果来看，随着CNC浓度的增加，这种网络结构能够不断完善和加强，从而在宏观上表现为黏度增加。另外，石墨烯有明显的增稠作用，随着石墨烯添加量的增大，分散液的黏度也增高，在4%的CNC溶液 + 3%Gr时，黏度达到最高值，为312.6MPa·s。

同时根据表1-3可知，与未添加石墨烯的CNC溶液相比，CNC溶液浓度为1%时，添加3%石墨烯的混合溶液黏度变化率最大，为108.5%；CNC溶液浓度为4%时，添加1%石墨烯的混合溶液黏度变化率最小，为4.7%。

（2）PF/Gr浸渍液。图1-12所示为试验测得的PF/Gr分散液黏度随Gr添加量变化的曲线，表1-4所示为PF/Gr分散液黏度的变化率。

表1-4　PF/Gr分散液黏度的变化率

PF 浓度/%	Gr 添加量/%		
	1	2	3
15	2.9	7.1	11.4
20	7.1	14.3	81.4
30	15	22.5	155.6

一般来说，影响聚合物流变性能的因素很多，如聚合物链结构、相对分子质量和溶液浓度等。随着聚合物相对分子质量或溶液浓度的增大，一般聚合物的黏度会增大。根据图1-12可知，在未添加石墨烯的情况下，30%浓度的PF溶液黏度为16MPa·s，大于15%浓度的PF

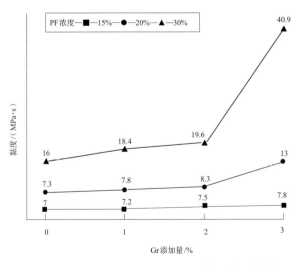

图1-12　PF/Gr分散液黏度随Gr添加量变化的曲线

溶液黏度（7MPa·s），随着PF浓度的增大，黏度也小幅度的增大。酚醛树脂分子聚集体本身体积较大以及溶剂化作用，使溶液具有一定黏度，黏度越大，表明其缩聚程度越高，相对分子质量越大。另外，Gr有明显的增稠作用，随着Gr添加量增加，PF/Gr分散液黏度也增大。当在30%浓度的PF溶液 + 3% Gr时，黏度达到最高值，为40.9MPa·s。

根据表1-4可知，与未添加石墨烯的PF溶液相比，当PF浓度为30%时，添加3%石墨烯的混合溶液黏度变化率最大，为155.6%；当PF浓度为15%时，添加1%石墨烯的混合溶液黏度变化率最小，为2.9%。

总之，随着石墨烯质量分数的增加，浸渍液的黏度有显著的变化，总体呈逐渐上升的趋势。表明作为导热填料的石墨烯的加入可增加体系黏度。主要原因是，随着石墨烯质量分数的增加，石墨烯片层之间距离缩小，相互接触的概率增大，增加了发生交联和搭接的概率，导致石墨烯片径增大，而浸渍液黏度会随着石墨烯片径的增大而增大。

6.2 结晶度分析

结晶度指标是对晶区和非晶区的比例作定量描述。其影响了高聚物材料的熔点(软化点)、杨氏模量、表面硬度、透气性以及化学稳定性等许多物理的和化学的性能。对于高聚物材料，晶区与非晶区界较模糊，晶区含量很难准确测量。为了更好地测量高聚物的结晶度，科研人员研究出了密度法、红外光谱法、量热法等定量测定方法。结晶度定义为结晶部分占整体材料所占区域的百分率，即：

$$C_r = \frac{I_{002} - I_{am}}{I_{002}} \times 100\% \qquad (3)$$

式中：C_r为结晶度（%）；I_{002}为002衍射面的最大强度，代表结晶度和非结晶区；I_{am}是$2\theta=18°$附近的最小强度，它只代表非结晶区。

（1）CNC/Gr浸渍织物。表1-5所示为不同配比CNC/Gr分散液下的织物结晶度，图1-13所示为CNC/Gr分散液结晶度随Gr添加量的变化情况，图1-14所示为CNC/Gr浸渍织物的实测结晶度曲线。

表1-5 不同配比CNC/Gr分散液下的织物结晶度

浸渍液编号	对应织物编号	配方	结晶度/%
Q1	1	1%CNC+1%Gr	56
Q2	2	1%CNC+2%Gr	38
Q3	3	1%CNC+3%Gr	19
Q4	4	2%CNC+1%Gr	55

浸渍液编号	对应织物编号	配方	结晶度/%
Q5	5	2%CNC+2%Gr	45
Q6	6	2%CNC+3%Gr	32
Q7	7	4%CNC+1%Gr	70
Q8	8	4%CNC+2%Gr	61
Q9	9	4%CNC+3%Gr	50
Q10		CNC	83

根据表1-5与图1-13所示的CNC/Gr分散液各配比下结晶度分析可知，未添加石墨烯时的纯CNC结晶度最高，为83%，且CNC结晶度没有随着本身浓度的变化而变化。同时发现CNC/Gr分散液的结晶度均比纯CNC结晶度低，这是由于石墨烯的加入，使纤维素分子运动受阻，导致CNC/Gr分散液中纤维素的峰值显著降低。由此可见，石墨烯阻碍了CNC的结晶，此外，也可能是因为石墨烯和CNC之间的相互作用，导致石墨烯周期性层间距的消失，从而使石墨烯分散性得到了很好的改善。另外，随CNC浓度的提高（1%、2%、4%），以及石墨烯添加量的提高（1%、2%、3%），浸渍液的结晶度随着CNC浓度以及石墨烯添加量的增加而降低，最低结晶度为19%。

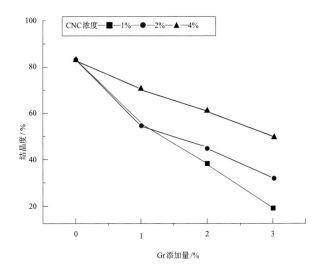

图1-13 CNC/Gr 分散液结晶度随 Gr 添加量的变化

由图1-14所示CNC/Gr浸渍织物的空白样、导热系数最低的织物和导热系数的最高织物样品的结晶度对比，可看出在22°附近有石墨烯特征峰，证明浸渍液中石墨烯的存在。

（2）PF/Gr浸渍织物。图1-15所示为PF/Gr浸渍织物的实测结晶度曲线。表1-6所示为根据Turley法计算的结晶度。

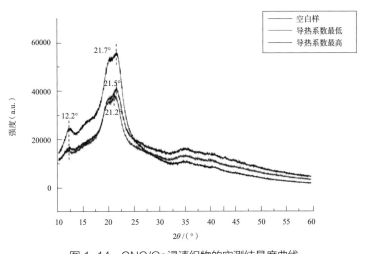

图 1-14　CNC/Gr 浸渍织物的实测结晶度曲线

表1-6　PF/Gr分散液及浸渍织物的结晶度

编号	结晶度/%
PF	85
PF+GR	81
织物	68
PF+GR+织物	79

由图 1-15 可以看出，改性后的竹纤维织物（PF+Gr+织物）与未改性织物均在 $2\theta=12.3°$、21.7°和34.8°附近出现明显的衍射峰，分别对应于天然纤维素 I（101）、（002）和（040）晶

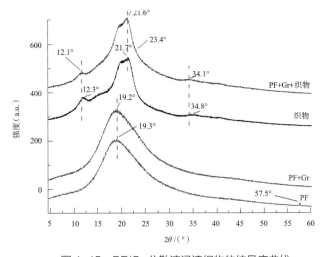

图 1-15　PF/Gr 分散液浸渍织物的结晶度曲线

面的衍射峰。PF/Gr分散液也具有PF的衍射峰，且PF/Gr分散液结晶强度高于PF。

对比未改性竹纤维，PF+Gr+织物特征峰均向左偏移，说明加入石墨烯后，竹纤维晶体结构发生改变，同时在 $2\theta=23.4°$ 处出现石墨烯特征峰，但由于PF对GR具有插层作用，因此十分微弱。由表1-6可知，改性后的竹纤维织物的结晶度由未改性织物结晶度的68%上升至79%，结合后面章节导热性能研究数据分析表明，复合溶液改性对竹纤维织物具有一定的导热性能提升作用。

6.3 导热率分析

服装舒适性的影响因素有很多，其中导热性能是服用材料的一个较重要的因素，直接影响人们在使用过程中的体表感受。所以，服装设计人员在设计过程中，会进行特定的选材，通常会考虑纤维的种类、纱线的粗细和结构、织物组织、经纬密度、织物结构相（影响织物厚度）、平方米重量、后整理等因素，为穿着者设计出体感舒适、外观靓丽的服装服饰。针对导热的功能化需求，科技人员开发并制备出了一大批满足不同用途的服用织物，供设计人员参考和使用。

正如上文提到的，纺织品中的三种主要输送热量途径是传导、对流和辐射，其中，尤以热能传导最为重要。当纺织品温度不均匀时，热能从高温端传向低温端，这种趋向最终会使整个体系温度达到一致。热能传输沿着一条直线从物体的一端传到另一端的线性传输，而是一种扩散型的传导过程。

近年来，个人温度管理概念的兴起，获得了越来越多的关注。每一个人、每个个体，在贴身衣物的作用下，与外界环境交换热量。对个体进行具体的微观的温度管理，相比于对整个建筑进行宏观的温度管理，更高效、更节能。贴身衣物作为传递热量的介质，自然成为个人温度管理的研究对象。其自身的材料种类，纤维、纱线和纺织品的规格和物化性能，直接或间接地决定了个人温度管理的最终效果。

（1）浸渍液A导热系数分析。根据表1-7改性剂A浸渍织物的导热率数据可知，当CNC浓度均为1%时，随Gr添加量的增加，导热系数呈现下降趋势，1% CNC + 3%Gr时导热系数最小，为0.087W/（m·K），而1% CNC + 1%Gr时导热系数最大，为0.103W/（m·K）。当CNC浓度均为2%时，随Gr添加量的增加，导热系数同样也呈现下降趋势，2%CNC + 3%Gr时导热系数最小，为0.090W/（m·K），而2%CNC + 1%Gr时导热系数最大，为0.106W/（m·K）。然而，当CNC浓度为4%时，随Gr添加量的增加，导热系数反而呈上升趋势，4%CNC + 1%Gr时导热系数最小，为0.110W/（m·K），4% CNC + 3% Gr时导热系数值达到最大值，为0.136W/（m·K），相比于未添加Gr的浸渍液，上升幅度为189.4%。

另外，与未添加Gr的CNC浸渍液改性的织物相比，CNC/Gr复合改性织物导热系数均有所提高，说明石墨烯的添加，对织物导热性能起到一定的提升作用。

（2）浸渍液B导热系数分析。同样，根据表1-8改性剂B浸渍织物的导热率数据可知，当PF浓度均为15%时，随Gr添加量的增加，导热系数呈现下降趋势，15%PF + 3%Gr时导热系数最小，为0.089 W/（m·K），而15%PF + 1%Gr时导热系数最大，为0.100W/（m·K）。当PF浓度均为20%时，随Gr添加量的增加，导热系数同样也呈现下降趋势，20%PF + 3% Gr时导热系数最小，为0.089W/（m·K），而20%PF + 1% Gr时导热系数最大，为0.104W/（m·K）。然而，当PF浓度为30%时，随Gr添加量的增加，导热系数反而呈上升趋势，30% PF + 1%Gr时导热系数最小，为0.107W/（m·K），30%PF + 3%Gr时导热系数达到最大，为0.135W/（m·K），相比于未添加Gr的浸渍液，上升幅度为69%。

另外，与未添加Gr的PF浸渍液改性的织物相比，PF/Gr复合改性织物导热系数均有所提高，说明石墨烯的添加，对织物导热性能起到一定的提升作用。

表1-7 CNC/Gr 浸渍织物的导热率

试件编号	改性剂A	导热系数/[W/（m·K）]	标准偏差SD
1	1%CNC	0.046	0.0003
2	1%CNC+1%Gr	0.103	0.0001
3	1%CNC+2%Gr	0.098	0.0001
4	1%CNC+3%Gr	0.087	0.0002
5	2%CNC	0.049	0.0001
6	2%CNC+1%Gr	0.106	0.0003
7	2%CNC+2%Gr	0.096	0.0001
8	2%CNC+3%Gr	0.090	0.0002
9	4%CNC	0.047	0.0002
10	4%CNC+1%Gr	0.110	0.0001
11	4%CNC+2%Gr	0.121	0.0003
12	4%CNC+3%Gr	0.136	0.0001

表1-8 PF/Gr浸渍织物的导热率

试件编号	改性剂B	导热系数/[W/(m·K)]	标准偏差SD
1	15%PF	0.086	0.0002
2	15%PF+1%Gr	0.100	0.0001
3	15%PF+2%Gr	0.094	0.0003
4	15%PF+3%Gr	0.089	0.0001
5	20%PF	0.085	0.0002
6	20%PF+1%Gr	0.104	0.0003
7	20%PF+2%Gr	0.092	0.0001
8	20%PF+3%Gr	0.089	0.0002
9	30%PF	0.080	0.0001
10	30%PF+1%Gr	0.107	0.0002
11	30%PF+2%Gr	0.125	0.0003
12	30%PF+3%Gr	0.135	0.0001

从实验结果看，竹纤维纺织品经改性后具备了良好的导热性能，穿该面料制成的衣物，有利于人体体表热量快速扩散至外界环境。此外，改性后，发现竹纤维材料表面分布有大量细微沟槽（几微米至数十微米）。在毛细管作用下，人体发热产生的汗液，能够在芯吸、扩散、传输等作用下，迅速迁移至织物表面并散发，进一步提升了衣服的舒适性。掺杂并充分分散在纺织品内部的石墨烯材料，充分地发挥了快速导热、热量耗散、体感提升的作用。上面所述两种机理协同作用、相互成就，体现了"结构—功能"一体化，最终改善了竹纤维织物的舒适性能，增加了产品的附加值。

6.4 力学性能分析

6.4.1 拉伸性能测试

纺织品的力学性能，一般进行拉伸试验来表征，目的是评估其耐用程度。影响织物拉伸强度和断裂伸长率的因素，除了织物组织、经纬密度、纱线线密度、纤维结构之外，最主要的影响因素就是Gr添加量。Gr超硬、超强的特性对织物的拉伸强度有一定的改善作用，竹纤维织物本身具有良好的拉伸性能，拉伸强度主要是由分子链的力学性能决定，断裂伸长率由分子链的柔韧性来决定。

由表1-9中CNC/Gr浸渍织物的力学性能数据可得，当浸渍纯CNC溶液时，随着CNC浓度的增大，织物的拉伸强度呈减小的趋势，当CNC浓度为4%时，织物的拉伸强度为24.1MPa，而当CNC浓度为1%时，织物的拉伸强度有27.8 MPa，而拉伸断裂伸长率与拉伸强度呈相同的趋势，当CNC浓度为4%时，织物的拉伸断裂伸长率为1.00%，而当CNC浓度为1%时，织物的拉伸断裂伸长率为1.70%。另外，当CNC浓度为1%和2%时，石墨烯的添加相比纯CNC浸渍对织物的拉伸强度改善不明显，但当CNC浓度为4%时，随着石墨烯含量的增加，织物的拉伸强度呈增大的趋势，当4%CNC + 3%Gr时，织物承受的拉伸强大最大，达29 MPa，其断裂伸长率为9.1%。

同样根据表1-10中的PF/Gr浸渍织物的拉伸数据可得，当浸渍纯PF溶液时，随着PF浓度的增大，织物的拉伸强度呈增大的趋势，当PF浓度为15%时，织物的拉伸强度仅有18.7MPa，而当PF浓度为30%时，织物的拉伸强度有25.6 MPa，而拉伸断裂伸长率与拉伸强度呈相同的增加趋势，当PF浓度为15%时，织物的拉伸断裂伸长率为0.012 %，而当PF浓度为30%时，织物的拉伸断裂伸长率为0.055%。另外，随着Gr的增加，拉伸强度出现波动。

6.4.2 顶破性能测试

顶破性能测试同样是评估纺织品耐用性能的常用指标。顶破性能测试原理是将试样夹持在固定基座的圆环试样夹内，圆球形顶杆以恒定的移动速度垂直地顶向试样，使试样变形，直至破裂，测得顶破强力。顶破强力是产品质量，安全评估的重要参考数据。

从表1-9中CNC/Gr浸渍织物的顶破强度数据可知，当浸渍纯CNC且CNC浓度为4%时，织物的顶破强度最小，仅有0.245MPa；而当CNC浓度为2%时，织物的顶破强度最大，为1.667MPa。经过CNC/Gr复合溶液改性的织物中，在1%CNC + 1%Gr配比条件下，织物的顶破强度最大，达1.696MPa，随Gr添加量的增加，顶破强度反而下降，在4%CNC + 3%Gr配比条件下，顶破强度达到最低，仅1.387MPa。

另外，根据表1-10中PF/Gr浸渍织物的顶破强度数据可知，当浸渍纯PF溶液时，顶破强度均较为理想。当PF浓度为20%时，织物的顶破强度最小，为1.327MPa；而当PF浓度为30%时，织物的顶破强度最大，为1.461MPa。经过PF/Gr复合溶液改性的织物，加入Gr后顶破强度反而呈现下降趋势，说明增加Gr使得竹纤维更脆。在15% PF + 3%Gr配比条件下，织物的顶破强度在所有配方中最低，为1.223MPa。

表1-9　CNC/Gr浸渍织物的力学性能

浸渍液编号	CNC浓度/%	Gr占比/%	厚度/mm	拉伸强度/MPa	拉伸断裂伸长率/%	顶破强度/MPa
1	1	1	0.43	20.7	9.8	1.696

续表

浸渍液编号	CNC浓度/%	Gr占比/%	厚度/mm	拉伸强度/MPa	拉伸断裂伸长率/%	顶破强度/MPa
2	1	2	0.52	24.6	8.4	1.514
3	1	3	0.42	20.7	9.8	1.606
4	2	1	0.45	18.8	1.9	1.518
5	2	2	0.21	18.2	5.9	1.528
6	2	3	0.44	19.7	12.5	1.413
7	4	1	0.43	25.8	3.6	1.607
8	4	2	0.44	19.5	7.0	1.692
9	4	3	0.46	29	9.1	1.387
10	1	0	0.41	27.8	1.7	1.639
11	2	0	0.41	21.9	1.5	1.667
12	4	0	0.48	24.1	1.0	1.645

表1-10 PF/Gr浸渍织物的力学性能

浸渍液编号	PF浓度/%	Gr占比/%	厚度/mm	拉伸强度/MPa	拉伸断裂伸长率/%	顶破强度/MPa
T1	15	0	0.52	21.1	0.077	1.347
T2	15	1	0.54	20.8	0.068	1.322
T3	15	2	0.51	25.4	0.016	1.116
T4	15	3	0.55	23.5	0.019	1.109
T5	20	0	0.6	22.9	0.033	1.25
T6	20	1	0.51	22.5	0.033	1.285
T7	20	2	0.61	19.1	0.073	1.158
T8	20	3	0.58	23.8	0.073	1.462
T9	30	0	0.62	23.1	0.17	1.186
T10	30	1	0.65	22	0.049	0.732
T11	30	2	0.65	22.7	0.055	1.44
T12	30	3	0.64	21.6	1.185	1.404

6.5 形貌分析

为了进行竹纤维织物浸渍改性前后的形貌分析，对样品进行了不同放大倍数的FE-SEM观察。从未添加任何改性剂的织物纤维的SEM图（图1-16）可以看出，纤丝光滑，表面无附着物。

通过观察分析CNC/Gr浸渍液改性的织物微观形貌（图1-17）可以看出，CNC/Gr浸渍液改性样品纤丝表面明显有附着物，说明CNC/Gr改性剂附着在其表面，改性剂将竹纤维填充得更加紧密，也从侧面说明了力学性能的提升是由于改性剂的附着。与已有文献内容结论相似，本研究所获得的CNC薄膜表面较为平整均一，在高放大倍数SEM下可以明显观察到棒状颗粒，且CNC颗粒之间有一些孔隙结构。低放大倍数SEM下石墨烯的层状结构分明，片层之间互相分离，有一定的分散性，单层厚度比较均匀；高放大倍数SEM下的石墨烯是薄薄的一层，边缘较为柔软，同时有一些褶皱，褶皱处是多层石墨烯叠加所致。

（a）放大40倍

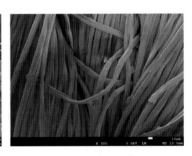
（b）放大100倍　　　　（c）放大300倍

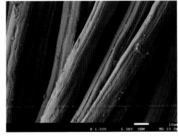
（d）放大1000倍　　　　（e）放大3000倍

图1-16　不同放大倍数下观察到的未改性织物样品

（a）放大40倍

（b）放大100倍

（c）放大300倍

图1-17

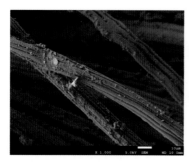
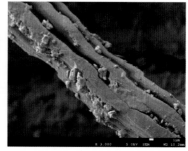

（d）放大 1000 倍　　　　　　　　　（e）放大 3000 倍

图 1-17　不同放大倍数下观察到的 CNC/Gr 浸渍改性织物样品（1% CNC+2% Gr）

通过观察分析 PF/Gr 浸渍液改性的织物微观形貌（图 1-18）可以看出，对比未改性织物样品，在 PF/Gr 浸渍改性样品上，观察到表面有一层较为平整均一的薄层，同时能明显观察到球形颗粒，直径差别较大，直径在零点几微米到数微米之间，这是由于 PF 黏度较大，会导致分散性下降，涂布在织物上的浸渍液固化后，会形成"黏土"状堆积，影响均匀性，从而导致改性能力的下降。但好处是，PF/Gr 固化后，竹纤维之间结合更加紧密。

（a）放大 40 倍　　　　　　（b）放大 100 倍　　　　　　（c）放大 300 倍

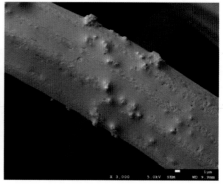

（d）放大 1000 倍　　　　　　　　　（e）放大 3000 倍

图 1-18　不同放大倍数下观察到的 PF/Gr 浸渍改性织物样品（15% PF+1% Gr）

7. 总结

通过纤维素纳米晶体（CNC）和水溶性酚醛树脂（PF）对石墨烯材料（Gr）进行分散处理制备复合浸渍液，并将其作为竹纤维织物的改性剂，制备具有一定导热功能的新型导热竹纤维材料。由于CNC和PF对Gr的均匀分散，形成了稳定的悬浮液体系，为竹纤维织物的成功制备提供了可能。

通过研究发现，在CNC作为分散介质的体系中，与空白样相比，当CNC浓度为1%且添加3%的Gr，使得到的浸渍液黏度变化率最大，为108.5%；当CNC浓度为4%且添加1%的Gr时，得到的浸渍液黏度变化率最小，为4.7%。CNC的浓度越高，浸渍液的黏度越高。Gr具有明显的增稠作用，其添加量越大，浸渍液黏度越高，在CNC浓度为4%且Gr添加量为3%时，浸渍液黏度达到最高值，为312.6 MPa·s。在PF作为分散介质的体系中，也表现出类似的现象，当Gr添加量增加时，浸渍液黏度随之增加。在PF浓度为30%且Gr添加量为3%时，浸渍液黏度达到最高值，为40.9MPa·s。与空白样相比，当PF浓度为30%且Gr添加量为3%时，溶液黏度变化率最大，为155.6%；当PF浓度为15%且Gr添加量为1%时，溶液黏度变化率最小，为2.9%。

CNC/Gr和PF/Gr浸渍液改性的竹纤维织物的结晶度均高于未改性竹纤维织物样品。通过导热性研究发现，添加Gr的CNC和PF浸渍液改性竹纤维织物，导热率均高于未改性竹纤维织物样品。浸渍液为4% CNC + 3% Gr时处理织物的导热系数值达到最大值，为0.136W/（m·K），相比于未添加Gr的浸渍液，上升幅度为189.4%。浸渍液为30% PF + 3%Gr时处理织物的导热系数值达到最大值，为0.135W/（m·K），相比于未添加Gr的浸渍液，上升幅度为69%。当浸渍液为4% CNC + 3% Gr时，竹纤维织物的拉伸强度最大，达29MPa，其断裂伸长率为9.1%，而此时顶破强度达到最低，仅1.387 MPa。当浸渍液为30% PF + 1% Gr时，改性织物的顶破强度最小，为0.732MPa；改性织物最大的拉伸强度（25.4MPa），在浸渍液为15% PF + 2% Gr时获得。

将石墨烯应用于纺织领域，可将其多种特性整合于纺织品，赋予纺织品多种功能。石墨烯基复合织物集合了石墨烯与纺织品两者的优点，可应用于紫外线防护、导电、抗静电、疏水、抗菌、传感器、电池电极、场发射设备、储能等服装服饰及其他产品的研发。

参考文献

[1] 费本华，等.木材细胞壁力学性能表征技术及应用[M].北京：科学出版社，2014.

[2] 费本华.努力开创新时期竹产业发展新局面[J].中国林业产业.2019，(6)：16-23.

[3] 段敏，林涛，殷学风，等.纤维素纳米晶体制备工艺优化的研究[J].生物质化学工程，2019，53(2)：47-53.

[4] 蒋玲玲，陈小泉.纳米纤维素晶体的研究现状[J].纤维素科学与技术，2008(2)：73-78.

[5] 徐刚，陈莹，杨庆斌，等.壳聚糖改性竹浆抗菌织物的耐水洗性能[J].东华大学学报(自然科学版)，2014(1)：99-105.

[6] 庄兴民，李想，张慧萍，等.甲壳素/竹浆纤维交织医用敷料的开发[J].上海纺织科技，2014，42(8)：45-46，56.

[7] 王越平，高绪珊.天然竹纤维与竹浆粘胶纤维的结构性能比较[J].中国麻业，2006，28(2)：97-100.

[8] 席丽霞，覃道春.几种纺织纤维的天然抗菌性[J].上海纺织科技，2011(5)：9-11.

[9] 徐刚，陈莹，杨庆斌，等.壳聚糖改性竹浆抗菌织物的耐水洗性能[J].东华大学学报(自然科学版)，2014(1)：99-105.

[10] 王进，刘艳君，翟媛媛，等.石墨烯及石墨烯远红外棉针织物制备及性能研究[J].纺织科学与工程学报，2021，38(3)：1-5.

[11] Pérez L L，Ortiz J，Pout C. A review on buildings energy consumption information[J]. Energy Build. 2008，40，394-398.

[12] Soytas U，Sari R. Energy consumption and GDP：Causality relationship in G-7 countries and emerging markets[J]. Energy Econ. 2003，25，33-37.

[13] Hsu P C，Song A Y，Catrysse P B，et al. Radiative human body cooling by nanoporous polyethylene textile[J]. Science，2016，353，1019-1023.

[14] Yang A，Cai L，Zhang R，Wang J，et al. Thermal Management in Nanofiber-Based Face Mask[J]. Nano Lett. 2017，17，3506-3510.

[15] Mondal S. Phase change materials for smart textiles—An overview[J]. Appl. Therm. Eng. 2008, 28, 1536–1550.

[16] Bashir T, Skrifvars M, Persson N K. Production of highly conductive textile viscose yarns by chemical vapor deposition technique: A route to continuous process[J]. Polym. Adv. Technol. 2011, 22, 2214–2221.

[17] Cai G, Xu Z, Yang M, Tang, et al. Functionalization of cotton fabrics through thermal reduction of graphene oxide[J]. Appl. Surf. Sci. 2017, 393, 441–448.

[18] Yue P, Wang S, Li X, Ge M. Preparation of polyaniline/Ag composite conductive fabric via one-step oxidation−reduction reaction[J]. J. Text. Res. 2014, 60, 33–42.

[19] Yu S, Park B I, Park C, et al. RTA−treated carbon fiber/copper core/shell hybrid for thermally conductive composites[J]. ACS Appl. Mater. Interfaces 2014, 6, 7498–7503.

[20] Mengal N, Sahito I A, Arbab A A, et al. Fabrication of a flexible and conductive lyocell fabric decorated with graphene nanosheets as a stable electrode material[J]. Carbohydr. Polym. 2016, 152, 19–25.

[21] Gan L, Shang S, Yuen C W M, Jiang S X. Graphene nanoribbon coated flexible and conductive cotton fabric. Compos[J]. Sci. Technol. 2015, 117, 208–214.

第二部分

基于竹纤维材料的
新产品设计开发

1.可持续设计理念与方法概述

1.1 可持续设计理念的含义与发展

20世纪70年代，随着工业化制造能力的不断扩展，全球生态环境也随着遭遇了更大的破坏。为追求更高的生活水平，人们浪费社会生态资源，忽视环境被破坏的恶果，变本加厉地开掘地球上的有限能源。自然环境的破坏，大量物种消失，空气、水源被污染等，都引起了人们的警觉和反思。

联合国世界环境与发展委员会在1987年起草了一份重要的调研报告《我们共同的未来》，该报告把可持续发展定义为：可持续发展是既满足当代人的需求，又不损害后代人满足其需求的能力的发展。至此，可持续发展有了明确定义。可持续设计（design for sustainability）源于可持续发展理念，是人们设计理念和行为发展的必然性。反映了设计界对人类发展与环境之间矛盾的深刻思考以及不断寻求变革的实践。

可持续设计理念最早表现为20世纪80~90年代的"绿色设计"。一般设计界将可持续设计的发展分为"绿色设计""生态设计""产品服务系统设计"和"为社会公平和谐的设计"这四个阶段。绿色设计是一种过程后干预。这是20世纪80年代后期出现的设计趋势，倡导在产品开发阶段就将保护环境和减少污染等绿色设计理念融入设计思维中，从而减少产品对环境的负面影响。生态设计旨在设计产品生命周期，强调过程中的干预，在绿色设计的基础上进一步发展完善。产品服务系统设计是一种在销售产品时提供销售服务的商业模式。产品服务系统设计的耗能少，资源配置更为合理，也更加环保。为社会公平和谐的设计是可持续设计理念的进一步发展。许多为社会的设计都是为了解决社会贫困问题和环境资源问题，其中也包含了绿色生态和服务理念。所有上述可持续发展概念的理论研究和设计实践都属于可持续设计。

因此可以看出，可持续设计需要平衡考虑社会发展与环境保护的问题，以设计手段支撑地球环境的完整和人们需求的达成。是从经济、科技、文化、环境等多角度综合考究的一种设计理念，其不只是一个技术角度的探究方式，更关键的是一个观念层面的革新理念。

可持续设计理念要求设计师摒弃追求外观独特、风格形式而造成资源浪费的做法，要在尊重和适应自然的条件下，有效地运用资源，减少不可再生资源的损耗，创造一个让人感观体验更为升级的、更惬意的生存环境。主张设计师将首要任务放在真正意义上的创新与环境保护方面，以一种负责的态度展开设计活动，充分发挥其肩负的社会责任，由此引发使用者的思考与共鸣。这就要求设计师从可持续的理念出发进行系统性设计，而不只是单纯地考虑外观性和功能性，或者为了实现商业利益的最大化。

1.2 可持续设计的系统性思考

进入 21 世纪以来，飞速发展的制造技术和空前繁荣的经济给人们生活带来了极大丰富的物质享受。在加速的城市化进程中，人们对所有消费性物质商品需求旺盛，这一需求又进一步推动了经济的增长。与此同时，人们日益增长的物质需求与有限自然资源之间的矛盾日渐加剧。如何将可持续设计理念贯穿到理论研究与实践活动中，并最终服务于人们的生活是现在设计界面临的重要课题之一。在现代的消费观念和生活方式的影响下，在时尚行业可持续已经是一个非常迫切的课题。有研究表明，纺织服装和时尚产业是全球第二大污染产业，仅次于石油产业，这与每年巨大的服饰消费量有关。时尚的本质就是推陈出新，而廉价的快时尚消费理念让消费者不再珍惜自己的衣物、包袋和鞋帽等，快速淘汰掉"过时"的服饰产品。这种美丽光鲜的外表背后的代价是巨大的能源消耗、资源浪费、重度污染以及廉价劳工。

设计师在研究可持续设计理念和设计实践的进程中，不仅需要考虑使用者需求的问题，还应考虑产品在使用过程中产生的资源耗损，以及是否会造成环境污染等问题。目前还没有法律法规来规定人们必须使用可持续的、环保的产品，或者如何使用产品才能更加环保等。最好的方式就是设计师从设计之初就站在可持续发展的立场上，考虑产品在整个生命周期中的可持续性表现，采取全面系统的设计思维和方法，最大限度地让产品具有可持续性。以下是设计师最需要关注的可持续设计的要素。

1.2.1 设计概念的可持续

设计概念是实现可持续的关键。一味地依靠造型独特或多种功能来吸引使用者，只会造成华而不实和功能过剩，一定程度上也属于资源浪费。设计师应从实际需求，从概念创意出发，改进现有产品的功能、使用方式，或思考更利于可持续发展的设计手段。延长产品生命周期也是减少用户废弃和购买行为的良好方法，比如提升产品质量、耐用性和多用性，或者设计易于更换、便于维修的部件等。从概念上进行创新和颠覆，是从根本上杜绝不必要的资料浪费的最彻底最有效的方法。同时，巧妙的创意还能让用户自觉而愉快地接受设计师的可持续理念和产品的变化。

1.2.2 资源的节约

首先是生产资源节约的问题，可以表现在生产、运输、使用这三个方面。在进行具体的产品款式设计阶段，设计师要斟酌产品制造过程中的资源浪费问题。减少制造环节的能耗、简练工序、提升效率是实现产品可持续性的主要的改进手段。还要考虑产品在运输过程中的堆放方式，比如可以使用堆叠、可拆卸等手段提高空间利用率，由此减少运输成本与消耗。

考虑用户在使用过程中对于产品功能性的合理需求。如果功能过于繁多冗杂，会产生很多无实用意义的部件和工艺细节，并且在运用时会出现耗费过多资源的可能性。或者为了追求过度精美和华丽的装饰，而造成产品更易损坏等问题，那么最终的产品也不会被纳入可持续设计范畴。

1.2.3 材料的可持续性

材料的可持续性也是非常重要的因素。可持续材料一般在开发选取阶段、加工生产阶段、消费者使用阶段和废弃处理阶段都要最大限度地减少材料对环境的影响。最被人们认可的可持续材料就是天然材料，其次是废旧材料的回收再利用，还有就是现在逐渐成为主流的新型环保材料。天然材料可能看起来是环保健康的，但从整个四个阶段综合衡量，有些也存在着不符合可持续性的一面。比如，纯棉产品一直都被认为是最环保的，但种植棉花会对环境造成很多隐形但重大的危害。棉花具有病虫害多发的特点，在现代农业产品中棉花是对农药和化学肥料依赖性最强的作物之一，而且需要消耗大量水源和人工。低效率灌溉技术、不良种植方法、农药和化肥的不当使用都将对水资源的清洁、土壤肥力、人类健康和生物多样性带来威胁。

所以，选择真正具有可持续性的材料，首先就需要综合材料的四个阶段去整体评价。相对来说，天然材料中还有其他再生纤维素纤维更加具有优势。比如竹纤维面料，单从其加工生产阶段来说，就不需要人工种植、灌溉水源、喷洒杀虫剂和化肥，减少了很多污染源和资源的消耗。

1.2.4 产品可回收性

产品最好可以设计成可回收再利用的。产品被废弃后，所有材料和配件能够分门别类地进行拆分，之后通过回收再利用的方式，或重新制造成新的产品，或者制造成新的面料，或者直接降解回归大自然。设计师应当尽可能地去探索产品材料和配件再利用的可能性，采取多种创新设计手法去实现产品的可回收性。比如，可采用结构创新、模块组合、部件可拆解等方法，降低拆分的难度，提高回收再利用的可行性与二次使用的便捷性。还可以采用新技术、新工艺、新组合方法去做更大胆的设计创新，实现材料回收的简便和低成本。

可持续设计并不是一种固定的样式、风格或者工艺上的创新，而是关于设计思维和道德观念的改变。外观也可以是多种多样的，结合人们的审美趣味做个性化的、风格化的大胆创意。设计师要思考的是内在的理念，无论塑造何种外观和风格，都要尊重自然、珍惜自然，而不是像从前的设计那样打败自然、征服自然，通过一系列手段人为地创造出"悦目娱心"的所谓的时髦现象。目前来说，非常理想的可持续设计虽然难以完成，但面对各种各样的设计对象时，设计师仍然需要从多方面出发，尽自己的努力去尝试让设计结果和可持续发展的理念更好地保持一致。

2.竹纤维在儿童包袋产品设计中的应用

2.1 儿童包袋产品的功能调研

目前，中国市场上儿童包袋的品牌和产品种类众多，款式多种多样，可以分为双肩式背包、单肩式背包、轮式书包、拉杆书包等。书包是儿童所有类型包袋中使用频率最高的，而其中使用频率最高的款式为双肩书包和拉杆书包。近年来社会发展迅速，尤其是互联网科技的推动伴随着民众的"消费升级"，人们对儿童包袋类产品也提出了更高的要求。儿童包袋类产品衍生出了更多场景化、功能化的新需求。

市场上的儿童包袋虽然款式繁多，但是大多数儿童包袋产品都存在一些问题，在安全性和易用性等方面有所不足。例如，包袋与儿童本身生长发育状况不符、包袋超重、区域划分过于混乱，包袋的功能划分只是简单叠加，没有根据实际情况进行系统性考量。某些儿童包袋尺寸不合适，容易产生背负姿势错误等问题。这些存在明显错误的包袋会对儿童身体造成严重损害，非常容易产生驼背、脊柱侧弯等健康问题，甚至会影响儿童心理健康与智力的正常发育。根据调研得知，人们对于"儿童包"的概念还比较模糊。大多数家长在购买时考虑的只是儿童上学放学时使用的场景，忽略了除学习之外的其他生活场景。例如，假期时间儿童去公园、游乐场玩耍仍会背着双肩书包；去兴趣班、补习班也会背着双肩书包。在明确知晓不需要携带大量书本的前提下，儿童仍要负重背包。由此可见，儿童包袋设计过程中需要加入对儿童生活情景的思考，不可以将其割裂。儿童包袋设计的目的其实是提供一种轻量、便捷、健康、安全的出行方式。

从用户调研也看到一些问题。儿童处在不断成长阶段，服装和服饰产品更新很快。在过去，人们会把使用过的、不合身的衣服和物品转送给其他有需要的儿童，但是现在随着物质生活的丰富，人们渐渐忘却了这种优良的习惯。很容易造成儿童在使用产品时，不珍惜现有的物品，越来越崇尚更新、更好看的背包，从而造成资源的浪费。因此，一方面儿童背包的外观形式要符合时代特征和儿童心理特征，让大人和儿童都喜欢，能留下深刻的印象；另一方面在现有的儿童背包基础上可以增强多功能性，增加包型和功能多种拓展空间，增加儿童使用的持续的兴趣，爱不释手。这些都会使儿童在使用过程中更加珍惜背包，以至延长背包的使用寿命，减少了背包的闲置和资源的浪费。另外，也潜移默化地培养儿童勤俭节约、爱物惜物的良好习惯。

2.2 儿童背包产品的材料调研

市场上儿童背包材质主要以纯棉、棉麻、化纤、混纺等纺织面料为主。还有部分PU合成革、超纤革、再生革、二层皮革等材料。相对来说，纺织面料具有比较柔软轻便、透气性强、可以清洗、安全性较强等优势，更加适合制作儿童背包。合成皮革类材料较厚重，透气性不佳，品质较差的还会有刺鼻性气味，制作背包的工艺比较烦琐，产品价格相对高，因此较少使用，尤其是在低龄儿童背包中，主要的材料均为纺织面料。

不过纺织面料也并非完全安全、环保和符合可持续性要求。比如，在印染和后整理等过程中要加入各种染料、助剂等整理剂，这些整理剂中或多或少地含有或产生对人体有害的物质。当有害物质残留在纺织品上并达到一定量时，就会对人们的皮肤乃至人体健康造成危害。因此，为杜绝pH、甲醛超标危害人体，尤其是婴幼儿（指年龄在36个月以内的儿童）的身体安全，国家对有毒物质的含量进行严格规定。国家标准GB 18401—2010《国家纺织产品基本安全技术规范》，把衣物安全等级划分为A、B、C三类，其中C类产品包括非贴身的衣物，还新增了含有纺织面料的箱包、背提包和鞋等产品。C类产品甲醛含量要求与A类相比稍微宽泛，限值为300mg/kg，pH允许范围为4.0～9.0。当然，这也是在安全范围之内的。这也从另一方面说明，对于现阶段纺织面料的制造来说，甲醛的存在还是无法避免的。

而很多时候生产制造商们为了让产品外观更加好看、色彩更醒目，吸引家长和儿童的视线，往往不顾安全性，对面料过度染色和美化。这些都会在无形中增加纺织面料有毒物质含量，危害儿童安全。通过分析造成这种设计观念的内在原因，提出两种改进方案。一是对于儿童产品来说，任何设计创新都不能突破安全健康的底线。必须采用更加安全和环保的面料，采用最安全的技术手段。如果目前的技术水平不能达到，那就需要在设计上适当做减法，以降低可能出现的危害性。这也显示出一种可持续设计理念下，设计行为应该有的责任意识。二是儿童产品的审美设计观念要突破只在色彩和图案层面做创意的局限。

现代社会中家长和儿童的审美素质有了极大的提升，而且整个社会的时尚趋势也发生了巨大的变化。这种简单表面化的，甚至看起来有点敷衍随意的装饰性设计手段是否真正被喜欢，是否真正符合用户内心需求，很值得设计师和品牌商去反思和调研。其实儿童背包可以进行创意开发的设计点非常多，如款式、结构、多功能、趣味性、耐用性、娱乐性等。只要从儿童用包的功能性、场合、环境等要素出发进行调研，就能找到真正有需要的设计焦点。再结合儿童的生理、心理和情感特点进行审美性的创意，背包产品的款型和风格一定会有很大的改观，呈现出丰富多样的市场面貌。

2.3 竹纤维面料的性能调研

竹子自古以来就为人所用，不仅在文人墨画中颇为佳谈，更是在手工业中占据一席之地，作为日常器具渗透家家户户。竹纤维面料是以竹子为原料经特殊的工艺处理，利用植物的浸出液将竹材中的杂质除去后获得。自1999年以来，我国自主研发、具有知识产权的竹纤维产品，具有良好的可纺性和服用性能，现已发展成继棉毛丝麻之后第五大纺织材料。竹纤维是一种再生纤维素纤维，无论是生产还是应用都几乎不产生污染，并且有天然的抗菌特性，与当今提倡的绿色可持续的理念不谋而合。

从其工艺制作过程来看，竹纤维面料具有安全、环保的特性。而且由于竹子特殊的性能，竹纤维面料在生产制造过程中不需要加入有机溶剂，因此避免了对环境污染的可能性。另外，我国具有丰富的竹资源，且竹子生长周期快，不需要人工种植和浇水施肥，也不需要杀虫剂，自然生长，有足够的产量，避免了农作物种植对土地、植物等造成的破坏。当竹纤维面料废弃时可土埋作为肥料使用，可自然降解。因此，从材料的开发选取、加工生产以及废弃处理阶段分析，竹纤维面料都是符合可持续发展理念的。

竹纤维面料在消费者使用阶段的安全、健康和适用性能也表现得非常突出。竹纤维织物与棉纤维织物粗看比较相近，但是却有着不同的感观和体验，由竹纤维制成的面料具有柔软轻薄不软塌、便于塑形、导湿透气性强、染色亮丽不易褪色等特点，具有手感光滑、凉爽舒适、柔滑不粘的感觉，是夏季服装的首选材料，还具有防臭、抑菌、抗紫外线等功能。其最有益的性能就是抗菌除臭性。竹纤维面料中的叶绿素具有较好的除臭作用，并对金黄色葡萄球菌和大肠杆菌等细菌具有良好的抗菌作用。竹纤维面料含有的天然抗菌物质从本质上与化学合成抗菌剂、抗紫外线剂完全不同，不会因竹纤维面料的反复加工而不会失去其抑菌、抗紫外线功能。同时天然成分不同于化工产品，对于过敏体质人群也没有影响。这种抑菌性能还可避免交叉感染，提高卫生安全性，使面料的适用人群大幅增加，能用于医患人员服装、医院床品、医用产品等，用于日常生活和保健用品中，如床上用品、内衣、食品包装袋，还可用于抵抗力低、自理能力差的婴幼儿和老年人的日常服装，包括婴儿尿布及成人失禁产品等。

竹纤维织物还具有出色的吸湿放湿性和抗紫外线性能。竹纤维自身结构特殊，截面上有众多孔隙有利于吸收和蒸发水分，更快速地吸收人体排出的汗液，使产品使用者拥有良好的体验感。纤维间存在的较大孔隙在发挥吸湿放湿性能的同时也能吸附异味、灰尘等有害物质。竹纤维所含的叶绿素也具有较好的抗紫外线性能，能阻挡其99.99%的紫外线。同时，竹纤维面料温和亲肤，产生的负离子能有效阻挡紫外线辐射，不会对皮肤产生刺激影响，皮肤敏感的人群同样适用。

综上所述，竹纤维面料具有许多独特优秀的天然性能，是一种能迎合当今时代崇尚自然、追求可持续理念的新颖环保面料。而且竹纤维面料由廉价的可再生天然材料制成，成本造价、环境保护、资源利用等方面都能最大限度地符合设计理念。既符合可持持性发展这一趋势，也为服装服饰产业的发展带来新的面料资源。随着可持续设计与环保健康理念的不断深入，依据竹纤维面料特性而开发的各种日用产品能带来不可估量的经济效益和社会效益。

2.4 竹纤维儿童背包的设计策划

2.4.1 可持续设计实践的意义

很多时尚产品设计师虽然也认可时尚的可持续发展具有必然性和重要意义，可一旦付诸实践，就转变了想法，认为可持续发展是科学家的事情，寄希望于各个领域的专家去解决。而我们只需继续过自己的炫耀性的消费生活，只负责创造好看的服饰产品外观、新奇个性的流行审美风格即可。但是作为时尚行业中的一员，尤其是处于时尚前端、影响着整个产品生命周期的产品创意设计师，无论如何也不可能置身事外，必然要主动介入。设计师有责任也有能力在本领域从事可持续创新设计和实践研究，并应该为此做出应有的贡献。个体的设计师虽然力量单薄，但是在自己熟悉的产品开发领域中，即使做了一个简单的环保设计决定，采用了一部分环保面料，改善了一些加工工序，也可能对后续的生产加工、消费使用或者回收再利用等环节促成更大的正面影响，可能推动可持续性的渐进式变革。而未来的时尚和可持续发展将改变设计师、生产者和大众的关系，产品设计师单一的审美设计角色，也将会转变为与多背景的专业认识合作，身兼活动家、推动者和教育者等身份的时尚体系中的复合型设计师。

因此，依托于北京市"植物生态"功能纤维与产品创新设计团队项目，经过了前期的设计调研，最终确定以该项目实验成功的竹纤维改性面料为主要材料，综合运用一些被公认的可持续设计理论和方法，进行基于可持续性的儿童背包设计的实验性探索。

2.4.2 设计理念与设计原则

为了充分体验可持续设计在整体系统中的实践探索，获得最大程度的可持续设计成效，为本次设计项目制定了明确的指导性概念和设计原则。

①以竹纤维面料为主，其他材料也尽量使用环保材料。

面料和里料：采用智能调温、舒适亲肤的新型功能竹纤维面料进行样品制作。采用本色的竹纤维坯布进行表面改性处理，获得凉爽舒适感。购买纯植物染料自行染色和后处理。

配件和辅料：尽量减少辅助造型材料、金属和塑料配件的使用。如不可避免，则设计为易于拆解的安装方式。

②制作工艺技术和生产工序上强调环保、节约和低耗能。从设计开始阶段就坚持减少材料浪费的设计原则，即减少制作工序环节、减少复杂裁剪和最大限度降低黏合剂用量的原则。可考虑采用3D打印等新技术来制作部分配件。

③对背包使用功能进行整合，多考虑一物多用，延长产品的使用寿命。设计精准定位，不做无用的设计，功能单纯实用，解决基本问题。通过灵活的结构设计满足基本功能，给用户留下一定的参与性和可变化的空间，使其可按照自己的需求、场合进行功能和造型等的变化。从而达到一物多用、一物多变的可持续设计目的。

④优良的传统文化和朴素的可持续价值观的设计体现。中华民族自古就是一个勤俭节约的民族，也创造出很多既满足使用需求和审美性，又能够节约资料、延长物品使用寿命的设计方法。可持续设计不能仅从生产、消费角度去遏制浪费，或者做被动的弥补，更加重要的是从消费源头建立正确的价值观和审美观，减少不必要的浪费和破坏。尤其是在儿童成长的关键时期，可以通过优秀的产品，协助家长将正确的价值观以各种寓教于乐的形式灌输给孩子。

2.5 致美童物——竹纤维儿童背包系列产品

此次设计项目将在总体设计理念和设计原则的前提下，根据不同年龄段儿童的生活场景、生理心理特征、用包的功能和审美需求等差异，分别为3～6岁学龄前儿童和6～9岁低年级儿童进行针对性的背包设计。

2.5.1 第一个系列：3～6岁学龄前儿童的背包系列设计

2.5.1.1 学龄前儿童背包的市场研究

根据前期的市场调查，国内市场上儿童背包产品种类繁多，但大多为追求形式或过分强调产品的使用功能。探究其主要原因，一方面，应该是产品设计能力相对薄弱，缺乏真正的创新概念；另一方面，儿童产品的消费者由儿童和家长共同组成，且儿童的自主选择性较弱，因此，很多设计师和生产者为迎合家长的偏好，将儿童产品设计得过于成人化和商业化，但实际上儿童的行为方式、思维角度、心理特征以及认知水平等与成人不同。这种忽略了儿童本身特征和心理诉求的产品，忽视了孩子自由成长和自我发现的空间，不利于儿童的持续健康发展。了解用户需求，为其解决真实的问题，本就是当代设计师的责任。面对儿童无法明确表达自己内心诉求的特殊性，儿童背包的设计师更应该深入了解其需求，为其设计真正需要的产品。

经过对市场上儿童背包进行设计的分析比对，总结出以下三种常用的设计方法，以供借鉴和学习。

①具象的形态仿生设计。具象形态仿生是最为直接、直观的初级阶段，模仿的是自然界的各种物体的形态。主要是对自然生物原形态的具体化，也可以将看不到的微观事物等转变为看得到的形态，如细菌、微生物等，或者将人类触及不到的物像转变为可触及的物体，如太阳、浮云等。但并不是生搬硬套和拿来主义，而是要有选择性和概括性，要经过带有强烈主观意志的艺术变形和设计加工，再现自然生物的同时也要考虑自然生物与仿生设计产品之间的融合性，这样才能达到水到渠成的相通相融。设计实例如图2-1和图2-2所示。

儿童背包的造型设计，非常逼真和具体的形态模仿也有一定的市场。这样的设计有可能使儿童失去与自然生物的亲近感（图2-1），也会阻碍他们对大自然进一步的认知和探究欲望。相反，经过一定的艺术变形和再设计的动物形象更适合学龄前儿童的认知心理（图2-2）。这种具象的仿生造型设计是以玩具的受众群体——儿童的心理特点为出发点展开设计。

②可拆卸的模块化设计。模块化的设计通过单元体相互的组合、拆分，来满足不同的需求。图2-3所示的Wheely Baby儿童背包设计灵感来源于儿童喜爱的工程车，设计师使用一

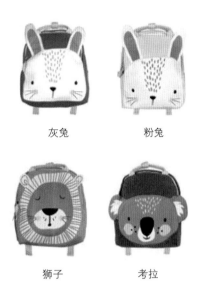

灰兔　　　　　粉兔

狮子　　　　　考拉

图 2-1　韩国 WINGHOUSE 恐龙防走失双肩背包　　　图 2-2　澳洲 Mister Fly 童话动物儿童背包

图 2-3　Wheely Baby 汽车儿童防走失背包

种简化到最基础的结构形态保留车型基本元素，突破尺寸和材质的限制，结合品牌 IP 可爱造型，配合其丰富的想象力，设计出一系列实用又趣致的儿童单品，增添了玩具和防走失的设计点，既方便携带，又能吸引孩子的注意力。

③趣味化的使用方式。图 2-4 所示 UEK 防走失背包有 TPU 透明前窗设计和防丢失设计，星际航行、宇航员的廓形以及航天飞机的立体造型等设计主题更受孩子喜欢。具有附加功能的 TPU 透明前窗设计除了放零钱包和小玩具，放上照片更能引起儿童的兴趣，将单一背包的收纳功能赋予了展示图片的附加功能。

图2-4　UEK防走失双肩包

2.5.1.2　学龄前儿童背包的设计定位

本次儿童背包的系列设计是面向儿童，是为儿童服务的设计，同时兼具材料的环保性、功能的多变性、产品的趣味性，从而达到可持续的理念。

①外观设计。背包的外观造型应主要来源于儿童生活中熟悉的物品形态，并将这些元素应用于设计中，造型样式应更倾向于具象化，

②色彩设计。儿童认识的色彩大多数都是明艳的颜色。因此，儿童背包多为饱和度和纯度较高的颜色，可以吸引儿童的注意力。

③可玩性设计。除了在外观上吸引儿童，还可将背包设计为儿童玩具，增加益智性，令其爱不释手。

④多用性设计。几个产品的功能结合到一起，实现一物多用。例如，夜晚出游可加入LED灯装置，起到警示作用；还可以将防丢失与背包结合，在外出时儿童的安全就多一份保障。

总结该系列背包的设计定位列于表2-1。

表2-1　产品的设计定位

名称	描述
产品市场定位	有学龄前儿童的父母用户，以年轻的母亲人群为主
产品直接用户	3～6岁学龄前儿童

续表

名称	描述
产品使用环境	家庭、学校、幼儿园
产品设计	多功能、多组合、多色彩、绿色材料
产品定位	学龄前儿童喜欢玩的趣味性、稳定可靠、可反复使用的产品
商品诉求	使用愉悦的、易用的、多功能的、特别的

综上所述，在该系列背包的设计定位基础上，分别完成了形象独特又具有防丢失功能的"会发光的变色龙"系列，以及引起儿童喜爱的有绘画功能的"可绘画的小屋"系列儿童背包设计工作。

2.5.1.3 "会发光的变色龙"系列儿童背包[●]

"会发光的变色龙"系列儿童背包有三个款式，展示的是变色龙"一家三口"的家庭形式（图2-5）。背包造型灵感来源于变色龙趴在树枝上的生动形态，将两只前脚与背带结合，背包时像是背着一只变色龙。为了加强家长与儿童的互动，为亲子教育提供更加情感化的手段和机会，创作了《会发光的变色龙》绘本，该绘本故事配合背包使用，益智又有趣。小模特佩戴背包的效果展示如图2-6所示。

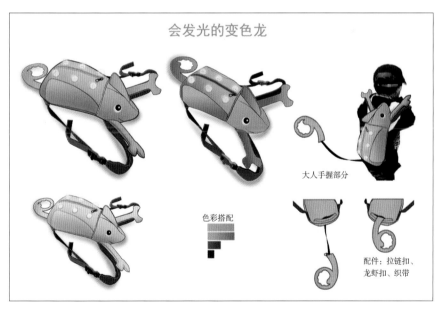

会发光的变色龙

大人手握部分

色彩搭配

配件：拉链扣、龙虾扣、织带

图2-5 "会发光的变色龙"（产品设计与效果图绘制：王雪婷）

● 本系列儿童背包已申请专利。实用新型名称：一种防丢失的竹纤维儿童背包；专利号：ZL 2020 2 1264853.3；专利申请日：2020年07月01日；发明人：李雪梅，王雪婷；专利权人：北京服装学院。

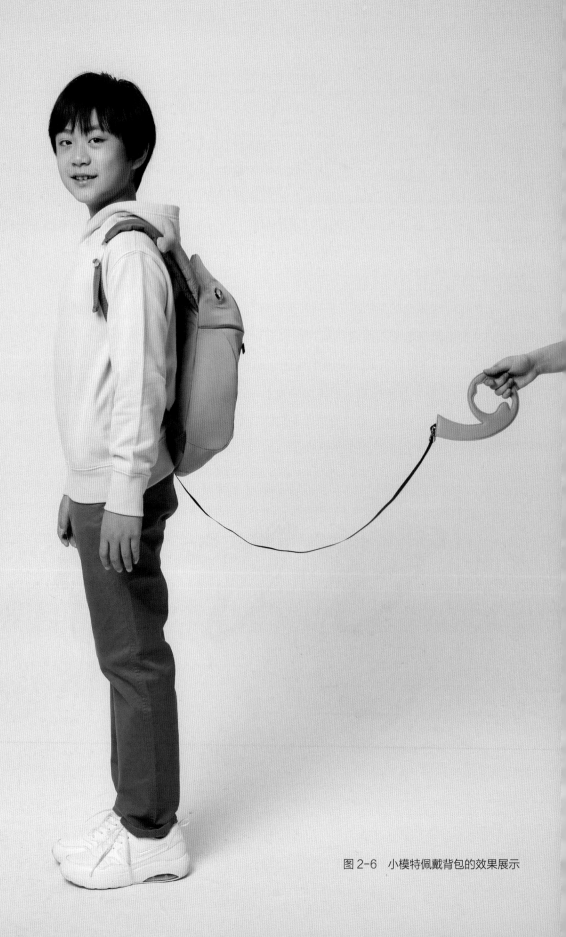

图 2-6　小模特佩戴背包的效果展示

（1）该系列产品具体的设计创新点。

①尾部防丢失设计。变色龙尾巴设计为可伸缩的防丢失牵引绳。预期的使用情景是外出时的儿童背包，大人可以抓住变色龙的"尾巴"，是一个利于手握的把手，兼具了防丢失功能，增强了安全性。特别设计的防丢失手环，适于家长手握，仿生的变色龙尾巴设计同时在心理上减少孩子的约束感。内侧特别设计了拉链式收缩小袋，不需要时方便收纳（图2-7）。

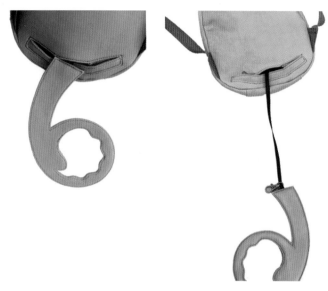

图 2-7　背包的可收纳防丢失"尾巴"功能展示图

②独特的发光装置。在背部增加了 LED 发光灯，夜晚外出时会发光，儿童的位置更加醒目，家长可以更好地观察儿童，减少夜晚因为灯光昏暗而发生意外的风险。对儿童来说，则是增加了背包的趣味性，能够更好地和儿童产生互动。配备了LED灯遥控器，便于家长控制，色彩也可以多变。如图2-8所示。

③寓教于乐与移情。该系列产品的独特之处还在于通过设计"一家三口"的三款变色龙背包，和围绕着变色龙"一家三口"展开的《会发光的变色龙——迪迪的故事》原创绘本，达到实用功能和情感体验的双重功用，为背包增加了内涵和价值。父母和儿童一起愉快地阅读故事，可增加一家三口的共处时间，加深亲情的纽带；生动的绘本又可以寓教于乐，通过书中的故事潜移默化地告诉儿童一些人生道理。通过这种多层面的体验，让儿童对背包和绘本产生移情和共情，最终自觉地爱惜物品和背包。

如图2-9所示，将变色龙背包赋予了"迪迪一家三口"的漫画人设，而变色龙背包上的LED可变色灯泡也隐喻了绘本中最后一页的萤火虫。可以丰富孩子的科普知识，让孩子们懂

图 2-8　背包背部增加 6 个 LED 发光灯

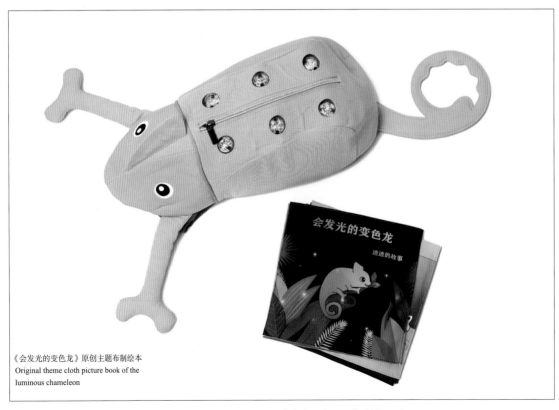

《会发光的变色龙》原创主题布制绘本
Original theme cloth picture book of the
luminous chameleon

图 2-9　寓教于乐与移情："迪迪一家三口"的漫画人设

得与大家和睦相处，两个人的能力可以相辅相成的道理，鼓励孩子以一种更加积极、正能量的心态去面对生活中的挫折。在绘本的最后一页，设计师以一封信的方式，把自己的可持续设计理念向看书的孩子娓娓道来，希望孩子可以爱惜背包，在自己长大后，还可以把背包送给别人使用，延长它的生命周期。这是一个被很多商业设计师忽略的设计环节，通过平等的交流和美好的寄语，让儿童直接感受到产品背后的设计意图。

图2-10所示为印刷在竹纤维面料上的绘本故事画面。竹纤维面料表面非常细腻，印刷效果和纸张一样清晰。选用面料制作卡片的主要目的是要减少纸张的使用。此外数码印花坚固，无毒无污染，面料比纸张更加结实，也更加适合儿童的使用特点。不会撕破，还可以清洗。

图2-10

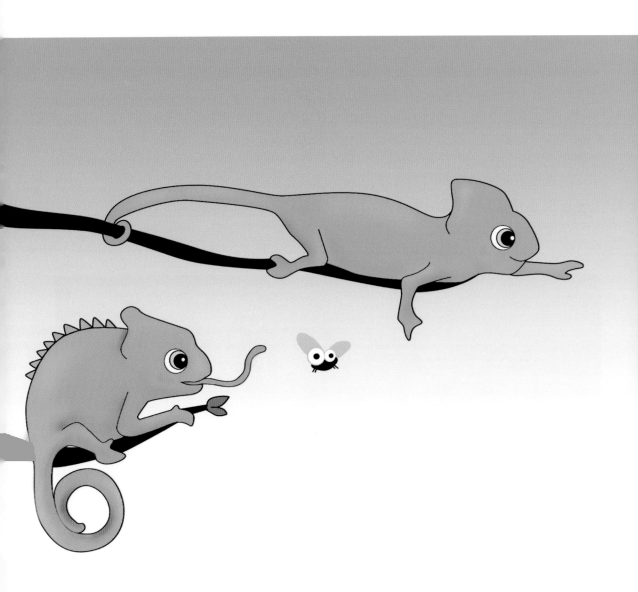

一只小变色龙破壳而出了，他的爸爸妈妈给他起名叫迪迪，身着绿色外衣的变色龙妈妈说："嗯，多可爱的孩子，长得非常的漂亮，像天上的星星一样。"

　　变色龙迪迪有一双绿色的小脚，鲜艳的皮肤，刚刚出壳的他特别好奇外面的世界，左顾右盼着，看到什么都觉得好新奇啊！他的尾巴还没完全适应外面的世界，小心翼翼地摇摆着。

图 2-10

　　小变色龙迪迪渐渐地长大了，和爸爸妈妈一样拥有了可以很快改变身上颜色的能力。

　　这一天，迪迪爬到了树梢，发现了河中可爱的鱼儿，而这些鱼儿身上发着闪闪的光芒，"我也想和他们一样身上会发光，看上去好漂亮啊。"迪迪心想。

图 2-10

到了晚上，小迪迪突然抬头看见了同样是闪闪发亮的星星，他想要将星星摘下来贴在自己的身上，可是他来来回回蹦蹦跳跳、伸长了舌头就是摘不到星星，他有些沮丧了。

就在这个时候，迪迪的爸爸走到他的身旁询问迪迪，"你怎么看上去不开心呀？"迪迪说："我想要去摘这些星星贴在自己的身上，和他们一样闪耀夺目，可是我摘不到他们。"

图 2-10

迪迪着急地问妈妈，"为什么我只能改变身上的颜色？要是我在水中，像鱼儿一样游来游去，这样我是不是也就可以变得闪闪发光啦？"

这时，变色龙妈妈把迪迪带到了一个神秘的地方，一个拥有好多"星星"的地方。

图2-10

"哇！这么多闪闪发光的星星！他们是虫子吗？"
迪迪好奇地问爸爸。"他们是萤火虫啊我的迪迪，他们
是拥有独一无二发光能力的昆虫，迪迪和萤火虫打个
招呼、交个朋友，你们就能快乐地在一起玩耍了。"

图 2-10

写给收到这份礼物的孩子：

当你读到这里，变色龙小迪迪的故事就结束了，希望你能喜欢这本《会发光的变色龙》。

当然，会发光的变色龙背包也能是你最好的朋友，它不仅可以装进你心爱的玩具，也可以是你和爸爸妈妈一起玩耍的好朋友，更好玩的是，变色龙的背部还有可以在晚上闪闪发光的LED灯，背上他，你们就可以一起带着迪迪，实现他闪闪发亮的梦想了！

变色龙背包都使用纯天然的纤维布料，所以你背上他会很轻松、很舒适！不用担心会对你的小皮肤有任何伤害的。

最后，每一个变色龙迪迪都是在设计师和工人师傅们共同努力下诞生的，所以希望你在和迪迪玩耍的过程中好好珍惜他。另外，如果你在今后的生活中不需要他了，请不要丢弃他，为你的老朋友迪迪找一个新伙伴吧！变色龙迪迪就可以陪伴更多像你一样可爱的孩子度过一个美好的童年。

希望变色龙迪迪可以陪你度过一个美好的童年！

图2-10　《会发光的变色龙——迪迪的故事》（故事创作与绘本绘制：王雪婷）

（2）作品实验和制作过程。

①样板制作和调整（图2-11）。

防丢失的可发光变色龙儿童背包

防丢失的可发光变色龙儿童背包——版图

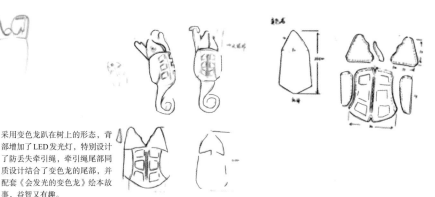

采用变色龙趴在树上的形态，背部增加了LED发光灯，特别设计了防丢失牵引绳，牵引绳尾部同质设计结合了变色龙的尾部，并配套《会发光的变色龙》绘本故事，益智又有趣。

图2-11　样板制作和调整过程（样板制作与图片拍摄整理：王雪婷）

②竹纤维坯布染色。图2-12所示为竹纤维染色面料。

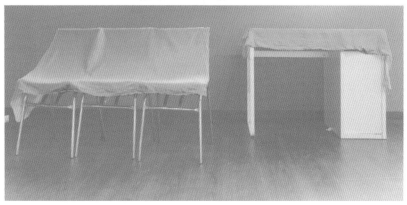

图2-12　竹纤维染色面料（染色面料图片拍摄整理：王雪婷）

③面料裁剪与样包制作（图2-13）。

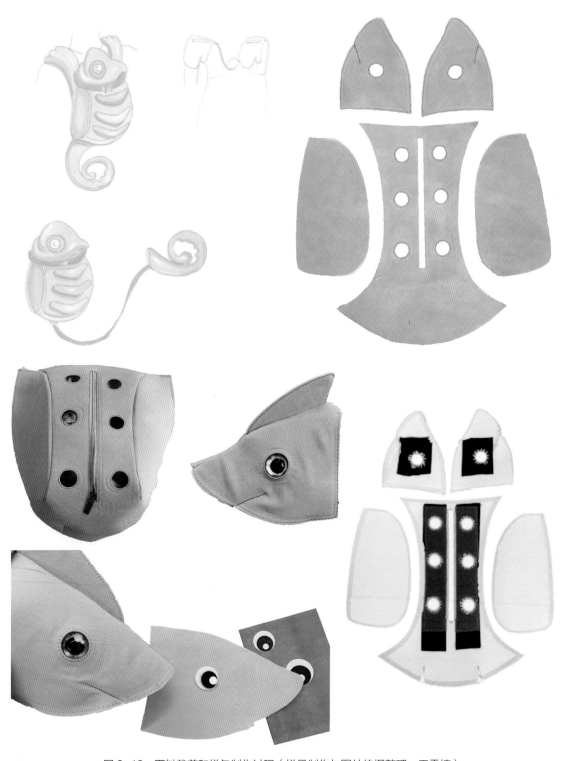

图2-13　面料裁剪和样包制作过程（样品制作与图片拍摄整理：王雪婷）

2.5.1.4 "可绘画的小屋"系列儿童背包[1]

"可绘画的小屋"系列背包的独特之处在于：这是一款"未完成的"背包，需要儿童在收到这款背包时，通过自己的参与和努力完善美化。通过这种参与性和成就感非常强的活动设计，鼓励儿童发挥自己的创造力和主动性，激发自信心。把自己绘制的图画背在身上，随时随地展示自己的作品，也可以激励孩子记录每日看到的风景以及游戏、绘画、生活中的美好时刻。如图2-14~图2-17所示。该系列背包具体的设计创新点如下：

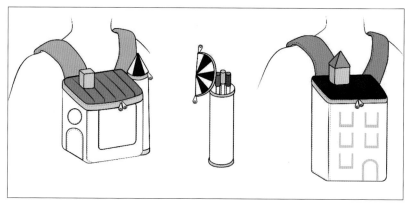

图2-14　设计效果图（产品设计与效果图绘制：王雪婷）

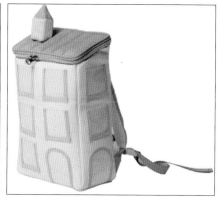

图2-15　作品静物展示（产品设计与研发制作：王雪婷）

（1）可玩性和参与性。在设计调研中查询到一种环保漆，儿童用它可以在墙上画画，也可以随意擦掉，因此引发设计者利用水消笔特点让孩子在背包面料上绘图，还可以擦掉后反复利用。用未染色的、更加安全的坯布来制作背包，儿童可以把背包作为画布来涂鸦。实

---

[1] 本系列儿童背包已申请专利。实用新型名称：一种多功能竹纤维儿童背包；专利号：ZL 2020 2 1264815.8；专利申请日：2020年07月01日；专利发明人：李雪梅；王雪婷；专利权人：北京服装学院。

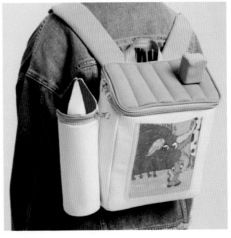

图 2-16　小模特配戴两款背包的效果展示

图 2-17　小模特展示涂鸦画画的功能

现了用户参与的设计意图。经过每个孩子的绘画涂鸦，成为属于自己的独特的背包。利用水消笔的特点，使绘制的图画可以完全消失。这样白色的背包本身就成了一个永远可以使用的画布。

　　包身白色面料可以作为画布反复利用的特点，使背包的功能不局限于基本的储物，避免了背包外观和功能单一化的现象，增加了儿童对产品的关注时间和使用兴趣。从客观上延伸了背包使用的耐久性，减少浪费。

　　除此以外，背包表面采用TPU材料制作的插袋，也可以放入儿童在其他纸张上完成的绘画作品，进一步增加外观的美化效果。把自己的画背在身上，随时随地展示，也可以激发孩子在外出游玩时随时用画笔绘画和记录的兴趣（图 2-18）。

（2）卡片的教育意义。继续延续上一系列背包寓教于乐的形式，设计了小屋造型的主题卡片——给孩子的一封信。

小屋造型主题卡片（图 2-19）也是采用竹纤维面料进行数码印花制作的。将两块正反印刷好的竹纤维布料中间夹棉缝制而成，最后折叠放在背包中。像是设计师的礼物一样，增加

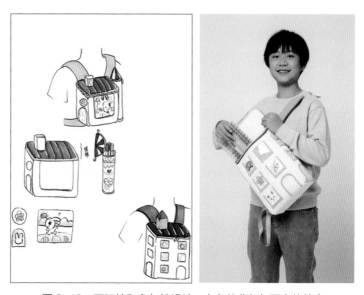

图 2-18　可玩性和参与性设计，白色的背包与画布的结合

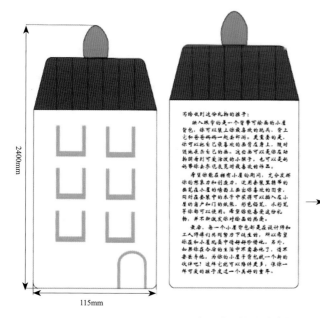

写给收到这份礼物的孩子：

映入眼帘的是一个背带可绘画的小屋背包，你可以装上你最喜欢的玩具，背上它和爸爸妈妈一起郊游。更重要的是，你可以把自己喜欢的画背在身上，随时随地地展示自己的画。这些画可以是你在动物园看到的可爱活泼的小猴子，也可以是妈妈带你去参观展览时最喜欢的作品。

希望你能在拥有小屋的期间，充分发挥你的想象力和创造力，运用背包里携带的画笔在小屋的墙面上画出你喜欢的图案，同时在套装中的本子以及可以插入小屋的窗户和门的纸张、彩色铅笔、水彩笔等你都可以慢用。希望你能喜爱这份礼物，并不断激发你对绘画的热爱。

最后，每一个小屋背包都是在设计师和工人师傅们共同努力下诞生的，所以希望你和小屋背包玩要时要好好珍惜它。另外，如果你在今后的生活中不需要它了，请不要抛弃它，为你的小屋背包找一个新伙伴吧！这样它就可以陪伴更多像你一样可爱的孩子度过一个美好的童年。

图 2-19　小屋造型的卡片（卡片设计与文字编写：王雪婷）

仪式感，带给儿童惊喜。卡片内容主要是向儿童说明"可绘画的小屋"背包的设计理念和使用方法，鼓励孩子反复使用和爱惜背包。并善意提醒儿童，自己不再使用时，为这个小屋背包找到一个新伙伴，将背包干干净净、完完整整地交给其他小朋友，传递出美好的物品和自己的爱。通过一个小小的设计环节，旨在培养儿童爱护物品、节约资源的好习惯，以及共享物品、传递善意的情感意识。

2.5.2 第二个系列：6～9岁低年级儿童的背包系列设计

2.5.2.1 低年级儿童背包的相关调研

根据前期的市场调查，国内市场上儿童背包产品种类繁多，但大多为追求形式或过分强调产品的使用功能。儿童是指年龄范围在0～14岁的人，此次选择年龄在6～9岁的儿童为主要研究对象。此阶段是他们生活中真正开始使用各类背包的阶段，该阶段的儿童开始具有独立思考与个人审美能力，其生理特征、心理行为方式都与成人不同，其对环境、社会的感知性与成人有较大区别。这个阶段的儿童对阿拉伯数字、汉字、英文字母三种不同的刺激没有明显的表现差异；能独立分辨并组合曾经见过的信息和几何图形，喜欢结交一些朋友，也会有自己的小伙伴；纯度高、鲜艳明快、对比度高的色彩符合此阶段儿童的心理特点。这个年龄段的孩子对自然界有着强烈的探索意愿，热爱动植物，擅长模仿和联想到自然和生活环境的特色声音。因此产品应尽可能采用源于自然或贴近生活的场景。

随着孩子的年龄增长，其活动的范围和环境开始扩大。从室内到室外，主要活动区域为学校、生活区、户外娱乐区等，书包只是单纯的上学放学装载大量书本的工具。对包袋其他功能的考量以及适用场景，甚至是模块化的需求越来越凸显。根据调研得知，外出游玩场合，儿童会携带口罩、小零食、纸巾等物品；课外辅导场合会携带少量书本与文具物品；其他场合会携带钥匙、儿童电话等物品。由此可见，这个年龄段的儿童，外出携带的物品已经有所增加，而且会经常变化。因此，可以大胆推测，儿童包袋内装载物品的归纳分类设计可能是儿童和家长都比较需求的设计点。可以根据儿童每日所需携带的物品来规划、设置包袋的收纳系统，有助于更好地利用包袋内的每个空间，并在这个空间中建立内在的秩序。一个良好的收纳方式有助于培养儿童自主整理的能力。

同时，大部分家长希望儿童包袋具有轻量化、装饰性、趣味性的特点，包袋材料要对儿童安全无害。由此可见，儿童包袋的材料应在保证功能的前提下选择重量较轻的材料，可以有效地降低书包的自重。除此之外，还要考虑书包材质的防潮、无毒、透气、无异味等特点。

2.5.2.2 低年级儿童背包的设计定位

（1）产品概念。6～9岁儿童身体发育速度变快，不同个体之间差异变大，其对包袋的要求也有很大不同。加入"成长性"的概念，一方面，包袋可以针对身体发育状况以及实际需求做差异化设计；另一方面，让包袋本身具有"成长属性"，加入多功能模块化的构建体系，引导儿童根据自身情况调节组合出轻量化的方案。

对使用功能的整合，强调一物多用，延长包袋的使用寿命。通过灵活地设计多种场合的功能需求，增加体贴的细节设计。从情感角度出发，让包袋有更多意义和价值，不只具有色彩鲜艳、造型可爱的外观，赋予其"可持续"的意义。

（2）材料与色彩。使用可持续的竹纤维面料作为此次儿童包袋设计的材料，各种颜色面料均采用低温加热天然植物染料手工染制而成。采取积极、活力的暖色系，符合儿童生理心理特点。竹纤维染色比较好控制，布面色彩均匀，可以通过多层染色逐渐加深。染色效果既明亮纯净，又不会过于艳丽刺激，比较温和（图2-20）。

图2-20　竹纤维坯布颜色过程（染色与图片拍摄整理：李栋）

（3）设计重点。儿童包袋的可持续设计应以儿童的生理和心理特征作为设计研究依据，既要满足孩子的生理需求，又要满足心理需求，是一种在功能、结构、色彩等方面均能体现可持续设计理念的产品。其设计重点包含实用性、安全性和趣味性三个方面。

①实用性设计。根据儿童的出行特点与实际使用需求，包袋设计中可采用组合式或模块化设计方法，以满足多样性的需求。材料选用结实耐磨、表面舒适细腻的竹纤维面料，能够延长儿童包袋的使用寿命，也可作为收纳袋、坐垫持续利用，与可持续设计理念相契合。

②安全性设计。确保儿童在使用包袋的过程中不会遭受来自包袋的损害，即使不小心操作失误，仍能将伤害降到最低限度，需要全方位考虑保护儿童的设计。竹纤维面料具备环保且无毒无害的特点，不会产生有害物质危及儿童身体。包袋采用合理结构，整体重量轻，少

用或不用金属配件，保护儿童自身安全性。

③趣味性设计。不论在外型、色彩还是组合方式上都要充分考虑对儿童心理的因素，要做到新颖、独特、富有趣味性、寓教于乐，最大限度地满足儿童的好奇心理，给孩子无限的想象力，启发他们去探索。可以让儿童充分发挥想象力，根据其喜好进行拆解搭配，培养孩子动脑思考和动手实践的能力，促进儿童的智力发育。

2.5.2.3 "动物机器人"系列儿童斜挎包

根据国际流行趋势的数据，目前儿童包市场中，小型的斜挎包成为流行的款式。由于其整体较小，限制存放的物品，主要用于携带纸巾、钥匙等小型物品，以此减轻包袋重量。考虑到儿童生长发育特点，背负部位加宽加厚，加入了护肩设计。

在视觉处理中保持色彩简单清晰，用明晰的色彩突出主体元素，并与低饱和度、高亮度的色彩搭配，让视觉重心聚焦在主体上。漫画中的超级英雄、乐高玩具是此年龄段儿童喜爱的形象和玩具，以此作为灵感进行包外形的设计。同时结合漫画风格进行设计，包体实际上是扁平化结构的斜挎包，但是采用立体的绘画形式来表现动漫人物，所以从正面看具有很强的立体感，从而产生一种视错觉，引起趣味性。如图 2-21 ~ 图 2-25 所示。

图 2-21 以漫画为视觉灵感的创意过程

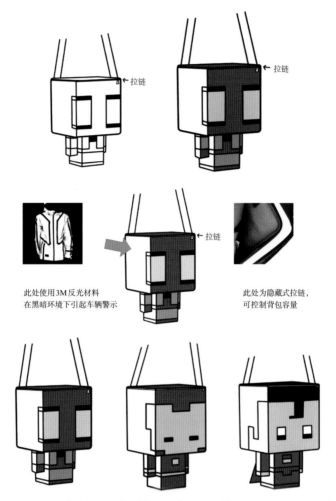

图 2-22　设计构思和最终的效果图（产品设计与效果图绘制：李栋）

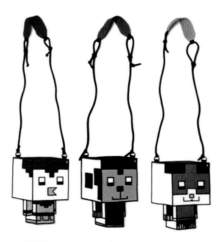

图 2-23　最终作品静物展示（产品设计与研发制作：李栋）

图 2-24　小模特佩戴小斜挎包效果展示

图 2-25 小斜挎包细节

2.5.2.4 "贪吃蛇"系列儿童胸包❶

本系列是以动物形象为主体设计的胸包，把蛇、狗、鳄鱼等各种儿童熟悉的动物形象进行简化和卡通化，形成逗趣可爱又有幽默感的形式。儿童可将多个小包袋穿在细长的主包上面，还可进行自由搭配，激发其动手创造能力。适合外出游玩时，把携带的不同物品进行分区放置。儿童长大后不需要使用此包袋，可将其挂在家里墙上当作小型收纳袋使用，让包袋使用具有可持续性。

加入适当的对儿童有挑战性的设计元素，儿童需要独自将小包袋穿在动物身上，可以大大增加孩子的成就感，让他们从挑战中获得快乐。在设计挑战任务时，既不能太简单，也不能太难成为阻碍。对于一个较小的孩子来说，挑战可以是明确的任务，伴随一些比较简单的重复动作。他们会积极探索来学习和认识新的事物，包袋要能让儿童上手就能参与体验，激发其产生好奇心并培养其动手能力，有自由摸索的空间。如图 2-26 ~ 图 2-30 所示。

2.5.2.5 "小怪兽"系列儿童双肩包

此系列的双肩背包针对儿童需求，包身整体较薄，重量较轻，适合外出进行课外学习时

---

❶ 本系列儿童背包已申请专利。实用新型名称：一种具有物品分区功能的竹纤维儿童胸包；专利号：2020 2 1264852.9；专利申请日：2020 年 07 月 01 日；专利发明人：李雪梅，李栋；专利权人：北京服装学院。

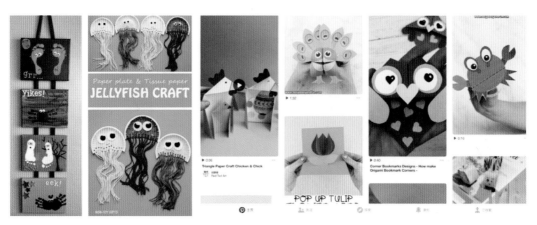

图 2-26　以儿童手工作品为视觉灵感的创意过程

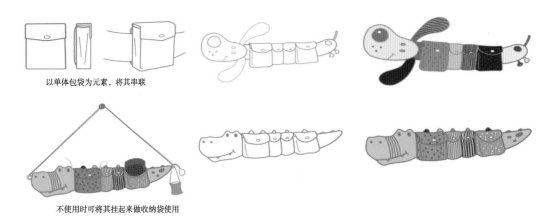

以单体包袋为元素，将其串联

不使用时可将其挂起来做收纳袋使用

图 2-27　设计构思过程和效果图（产品设计与效果图绘制：李栋）

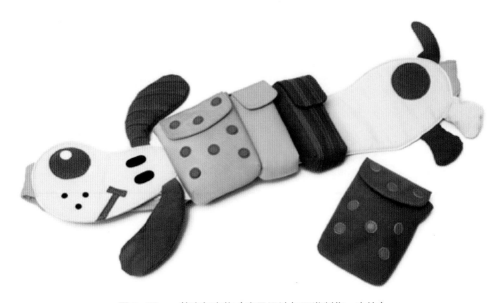

图 2-28　一款胸包实物（产品设计与研发制作：李栋）

图 2-29　小模特佩戴胸包的效果展示

图 2-30　胸包的细节效果展示

携带少量书本。整个背部和背带加入环保内衬材料，增加缓冲空间，减少儿童背部骨骼与背带之间摩擦碰撞所带来的压力，使其变得柔和、缓慢。也可当作坐垫使用。

　　小怪兽的形象也是综合儿童熟悉的多种动物形成的，既熟悉又陌生，激发儿童的想象力。包盖盖住包身时，其外观为很正常的可爱动物造型。当翻开包盖后露出内部精心设计的"小怪兽"牙齿造型，整个形象发生变化，变得非常生动活泼，带给儿童一种惊讶、新奇和刺激的体验感。儿童的注意力集中时间很短，因此需要有趣的设计来吸引他们。这个细节设计满足了儿童本能的好奇心和对趣味性产品的喜爱，赋予背包愉悦和多变的体验感。如图 2-31 ～图 2-36 所示。

图 2-31　以小怪兽玩具为视觉灵感的图片

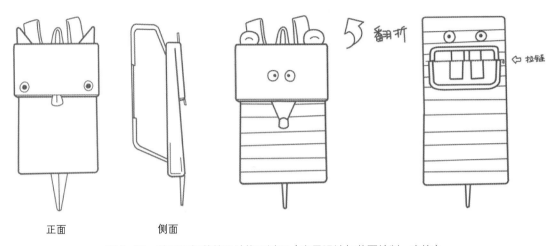

正面　　　　　侧面

图 2-32　造型和细节的设计构思过程（产品设计与草图绘制：李栋）

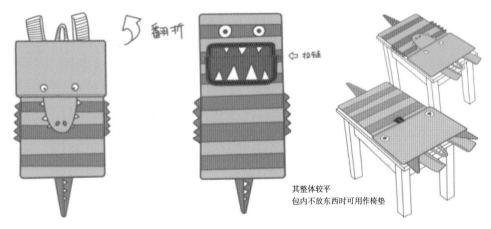

其整体较平
包内不放东西时可用作椅垫

图 2-33　多功能性的设计（产品设计与效果图绘制：李栋）

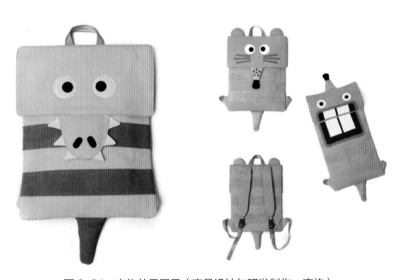

图 2-34　实物效果展示（产品设计与研发制作：李栋）

图 2-35　小模特演示把双肩背包当作椅垫的使用情景

图 2-36　小模特展示多种轻松的携带和使用方式

2.6 结语

儿童包袋设计体现的是对儿童这个特殊群体的关爱，我们还需要贯彻可持续设计的理念，使设计出的包袋独具特色，符合当前年龄段儿童的需求。本项目中的原创背包设计，以儿童的健康成长作为出发点和设计依据，选择天然环保、安全舒适的竹纤维面料作为主体材料。在满足儿童用包的基本功能、审美特点的前提下，采用一物多用、情感化设计等多种设计方法，最终完成了可持续儿童背包的设计研究与实践验证的整个过程，并获得了一定的经验和收获。

"为儿童设计"不仅仅是一句标语，对这个幼小的群体，人们必须付出更多的尊重和爱。"尊重"体现在孩子们的需要被细心看待，而不是被想当然地以为就是简单、幼稚。"爱"展现着要为孩子们制造出优良的产品，并不是目前那些充斥于他们生活中的大批粗制滥造的产品。

另外，在关注幼小群体的同时仍要关注地球的生态环境，如何进行可持续发展仍是当下面临的重要问题。可持续发展是当今最明确的主题，其向服装服饰领域提出的问题是广泛的，包括遏制过度开采资源、使用化学制品、盲目性消费等现状。设计师应加强对可持续发展的探索，超越传统的创造者角色去寻找新的机遇，用设计彰显生存智慧的价值，让产品在可持续理念下健康发展，为创建美好生活而不遗余力。

3. 竹纤维在鞋类产品设计中的应用

3.1 竹纤维在童鞋产品设计中的应用

3.1.1 竹纤维在鞋产品中的应用及发展趋势

在"脚—鞋—环境"系统中，如何改善鞋腔的微环境一直是制鞋行业的重要研究课题之一。卫生指标作为鞋腔微环境的重要指标之一，很大程度上由制鞋纺织材料的抗菌性能所决定。总体而言，纺织品的抗菌机理大致有两种，一是材料本身具有抗菌性，二是通过破坏细菌的生长环境从而抑制细菌繁殖。提升纺织纤维的抗菌性能有多种方式，如可通过抗菌剂进行后整理，使纺织品具备抗菌性；也可以使用具备抗菌性能的纤维直接生产纺织品。

竹纤维属于生态纤维，除此之外，天丝和麻纤维等也属于生态纤维。因为生态纤维具有独特的孔隙组织和形态结构，吸湿透气性能良好，进而有效保持良好的鞋腔微环境，所以是理想的制鞋材料。

3.1.1.1 生态纤维的特点及应用

生态纤维具有资源可再生、加工过程环保无污染、成品无有害物质残留、废弃后纤维可自然降解等优点。

生态纤维的提取都需要进行脱胶工艺，将纤维素和非纤维素分离。传统的脱胶工艺有3种方式，即机械（物理）脱胶法、化学脱胶法和微生物脱胶法。机械脱胶存在脱胶不彻底的问题，一般只用于预处理；而微生物脱胶存在效率低、周期长、脱胶质量不稳定等情况，目前应用较少；化学脱胶的方式从经济效益和产品质量的角度看，是目前比较常用的生态纤维脱胶工艺，但对环境的友好性不佳。

（1）竹纤维。竹子在我国分布广泛，具有高繁殖率、高生长率等特点，目前已经被广泛应用于建筑和复合材料领域。竹纤维分两种，即竹原纤维和竹浆纤维。

有研究认为，竹原纤维中存在一种含有 4 个 α-酚羟基的蒽醌化合物，这种化合物赋予竹原纤维抗菌性。朱莉伟依据 FZ/T 73023—2006 标准，对竹原纤维进行抗菌性试验，结果显示，竹原纤维并无抗菌性，但有一定的抑菌效果。另有研究表明，竹浆黏胶纤维中具备的抗菌物质并不是其天然成分，而是在纤维加工过程中所使用的二氧化硫在脱硫环节未完全去除，残留的硫赋予竹浆黏胶纤维抗菌性。

虽然竹纤维的天然抗菌性能在学术领域还存在争议，但竹纤维天然的多孔中空结构，可以提升鞋材的吸湿透气性能，从而使鞋内腔在吸湿性能、渗透性能、排湿性能上大幅度提升，破坏细菌滋生和繁殖的环境，提升鞋腔微环境的卫生指标。在试验环境中，研究人员发现，纯涤纶材料的鞋垫很容易滋生细菌，但如果在涤纶中加入竹纤维混纺，鞋垫的抗菌性能就会增加，而且抗菌耐久性优良。随着竹纤维含量的增加，抗菌效果呈上升趋势。竹纤维和涤纶的混纺能够很大程度上改善"脚—鞋—环境"系统的关系。目前，这种混纺技术在鞋垫产品中的应用已经得到普遍推广。

竹纤维的加入能提升纺织产品的抗菌性能，但由于竹纤维的耐屈挠性等力学性能方面要弱于涤纶，所以随着竹纤维的增加，混纺纤维的耐屈挠性等力学性能将随之下降。试验表明，当竹纤维含量为 30% 时，抗菌率可达到 15%，同时鞋垫的透气性能提高 71.5%。

综合考虑鞋垫产品的力学性能和抗菌性能，混纺纤维中竹纤维的含量不宜超过 30%，在该范围内，能兼顾鞋垫的使用寿命和抗菌性能。

（2）天丝纤维。天丝（Lyocell 纤维），学名莱赛尔纤维，其主要原料是以针叶树为主的木材，先将木材加工成纤维素浆粕，后与 N-甲基吗啉-N-氧化物（NMMO）直接混合，再经纺丝工艺制成 Lyocell 纤维。

天丝具有诸多优点，如主要原料针叶树是可再生资源，生产过程中所使用的溶剂对人体无毒害作用，回收循环使用率可高达 99% 以上，天丝在泥土中可完全生物降解。

目前，天丝凭借其独特的优越性能，在制鞋领域的应用已得到充分的开发，纤维型天丝和粉末型天丝已经广泛应用于各种鞋部件的生产：纤维型天丝主要用于制作鞋面、鞋里和鞋垫材料，在脚汗的吸收、渗透、释放和抑制细菌滋生方面表现出色，同时，材料的耐磨性也得到提升，天丝非织造布主要用于制作鞋中底板，提升鞋腔湿气调节功能；而粉末型天丝主要用于制作鞋外底和辅助材料，增强鞋底的耐磨性能。

特别是在低温、干燥状态下，由天丝制成的辅助材料具有和聚氨酯泡沫同样的绝缘性能，但吸水性是聚氨酯泡沫的两倍。由于主要原材料是木材，用天丝生产的鞋部件具有良好的吸湿排湿性，很大程度上提升了鞋的穿着舒适性。目前天丝面料的价格比普通的棉面料要贵，比较适合应用于中高端鞋产品。

天丝面料在湿热的工作环境中会出现一定程度的变硬现象，所以工作环境处于湿热状态的鞋品，天丝材料的应用受到一定的限制。由于天丝之间的结合相对较弱，并且缺乏弹性，在经受摩擦，特别是机械摩擦后，外层纤维容易发生断裂，并且形成细微的毛绒状，严重时会缠绕成颗粒状。

（3）汉麻纤维。在我国，低毒或无毒的大麻统称为汉麻。汉麻纤维是最早用于织物的生态纤维之一。汉麻纤维是由植物汉麻的外层韧皮经过脱胶工艺加工制作而成。近年来，研究人员一直致力于寻找一种高效率、低能耗、高性价比的汉麻脱胶工艺，其中在高温高压环境下运用生物酶处理是性价比较高的环保工艺。

汉麻纤维具有抗菌性能，主要是其纤维成分和纤维结构起的作用。汉麻纤维中含有大量的大麻酚类物质，而大麻酚类物质是天然的抗菌物质，它通过阻止霉菌的新陈代谢有效抑制霉菌的生长和繁殖。

大麻酚类物质的水溶性差，在纤维碱性脱胶的过程中，大部分的大麻酚类物质会随果胶和木质素而去除，但仍有微量酚类物质稳固存在于纤维素的基质中，甚至以共价键的形式和纤维素大分子结合在一起。正是这部分大麻酚类物质赋予汉麻纤维抗菌性能。

由于大麻酚类物质的非溶出性，汉麻纤维纺织品保留了天然的抗菌性。大麻纤维素沿径向形成网状纤维束结构，其横截面呈不规则的多边形，致使汉麻纤维体表粗糙，纤维之间和纤维束之间充满缝隙，这种特殊的结构使汉麻纤维中富含氧气，并具备良好的吸湿透气性能。在这种纤维环境中，能抑制微生物的氧化磷酸化，使其无法繁殖。

汉麻纤维具有天然抗菌性和良好的吸湿透气性，是制鞋领域优良的鞋材资源。汉麻与具有高排湿性和力学性能的涤纶混纺的面料，是非常理想的鞋面材料。

鞋腔内新陈代谢产生的脚汗需要及时排出鞋外，才能营造舒适卫生的鞋腔微环境。汉麻与涤纶混纺纤维的吸湿性能随着汉麻纤维的含量增加而增强，但与此同时，排湿性能也随之降低。研究表明，综合考虑混纺纤维的吸、排湿性能和力学性能，汉麻纤维和涤纶的优化混纺比例是40∶60。

由于天然汉麻纤维表面的胶质含量相对较高，而这些胶质中含有深色的天然色素，导致汉麻纤维色泽暗黄，严重影响后期染色和印花工艺的应用。

有研究发现，在采用冷冻骤热方式的脱胶工艺，并结合高温和高压，能有效破坏汉麻纤维束和周围组织的联系，从而尽可能多去除纤维胶质的同时，保持纤维束的原有形态。该方法能大幅度降低汉麻纤维中的木质素含量和残胶含量，可完全去除纤维表面的胶质和杂质，从而使汉麻纤维的白度增加，后期的染色印花工艺效果更佳。

3.1.1.2 生态纤维在制鞋领域的发展趋势

基于生态纤维天然的形态结构，可以对纤维进行功能性整理，更加突出或完善纤维的性能，增强鞋品的综合性能，以满足人们日益增长的品质生活需求。

生态纤维功能性整理是指在生态纤维现有的形态结构和性能特点的基础上，通过物理或化学的改性技术进行整理，使之具备高吸湿放湿、抗菌、保温蓄热、拒水、防水或接触凉感等特殊性能。

（1）高吸湿性能整理。目前，生态纤维的高吸湿性能整理包含物理法和化学法。物理法是基于生态纤维现有的形态结构，混纺中空多孔纤维、表面粗糙型纤维、微细纤维或异形纤维，通过提高混合纤维的亲水性，提升吸湿性能。化学法是以共聚或接枝的方式，使亲水性基团与纤维分子主链结合，或在纤维中直接引入亲水性化合物，大幅度提升生态纤维的亲水性能。

（2）抗菌性能整理。生态纤维的抗菌性能可以满足制鞋领域对材料的普遍性要求，特别是鞋里、衬里和鞋垫材料。由于人脚的生理代谢致使汗液排出，与人脚直接接触的纤维材料除具有吸湿性能外，还应该具有较强的抗菌性能。

生态纤维优异的纤维束结构使其具有很好的吸湿、放湿、渗透性能，有利于保持鞋腔微环境的干爽透气，从而破坏细菌繁殖的环境，具备一定的抑菌效果。

通过对生态纤维的抗菌性能改良，可以进一步加强其抗菌性能。目前生态纤维的抗菌性能改良方法主要有两种：一种是直接将无机抗菌剂、有机抗菌剂或天然抗菌剂整理于纺织品上；另一种是将抗菌剂添加于纺丝液体中，直接制成具有抗菌性能的纤维。在抗菌的持久性方面，前者抗菌性会随着穿用或洗涤而急速下降，而后者优于前者。

（3）保温、蓄热性能整理。保温型生态纤维的功能改性基于两种不同的保温机理：一种是能够将外界吸收的热能转化为 $2 \sim 20 \mu m$ 波长的远红外线，产生局部的热能效应。这类纤维是以含有氧化铝、氧化镁、二氧化硅等金属氧化物的陶瓷微粒为添加剂制成的远红外纤维。另一种是能够吸收太阳辐射 $2 \mu m$ 波长以下的可见光，并且能反射人体散发的 $10 \mu m$ 波长热量的蓄热型陶瓷纤维，这类纤维是以含有碳化锆、碳化硅的陶瓷微粒为添加剂制成的蓄热型纤维。

将保温、蓄热型陶瓷纤维和生态纤维混纺而成的纺织品，可以在鞋腔局部环境产生温热效应，促进足部血液循环。

（4）防水、透湿性能整理。防水、透湿功能整理的纺织纤维具有阻止水滴渗透入纺织品内部，但不影响内部湿气向外传导的功能，可保持鞋腔微环境的干爽舒适性。

目前纺织品防水、透湿技术应用主要有三种：高密织物、涂层织物和层压织物。高密织物因纤维间隙大，具有良好的透气性，而防水性能一般；涂层织物因采用无孔涂层，具有良好的防水性能，但透湿性能很差，如热塑性聚氨酯（TPU）无孔膜。与前两者相比较，层压织物具有良好的综合性能，因采用微孔膜对织物进行整理，保留良好防水性能的同时，具备优异的透湿性能，如聚四氟乙烯（PTFE）疏水微孔膜。但PTFE聚合物具有滑爽性，不易将其与纤维材料进行层压处理，使用范围受到限制。还有一种更具市场前景的微孔膜——静电纳米纤维膜，具有更小的孔隙尺寸、更高的孔隙率和更薄厚度，因此可以在具备较强防水性能的情况下，获得更好的透湿效果。

有学者提出，常见的拒水、拒油整理剂如全氟辛酸铵（PFOA）和全氟辛烷磺酰基化合物（PFOS）衍生物的共聚物对环境和人体存在一定的影响，提出了环保型拒水整理技术方案，即荷叶效应原理的拒水整理技术。该技术的关键是织物表面的粗糙处理。试验表明，用纳米微晶纤维素（NCC）处理可获得合适的织物表面，而NCC可通过酸解微晶纤维素（MCC）制得。

（5）接触凉感性能整理。凉爽纤维的功能性改良一般通过两种方式实现：一种是湿传递，即通过快速排汗，汗在干燥过程中消耗汽化热，给人体带来凉感；另一种是热传递，即通过纤维的导热性能，将体表的热量导出体外，从而带来凉感。对前者技术的研究主要是针对纤维的吸水、排湿性能，利用纤维的毛细芯吸效应达到吸水排湿的效果；而后者的研究主要是在纤维中添加吸热慢、散热快的冰凉矿物粉体，从而达到凉感的效果，常见的矿物粉体有玉石粉、碳化硅粉和纳米云母等。

竹纤维、麻纤维均具有天然的中空结构，并且纤维间充满孔隙，容易产生毛细效应，表现出良好的湿传递性能，是一种天然的凉感纤维。如果能和热传递凉感纤维混纺，将增强纺织品的凉感性能。

近几年，制鞋行业加速进行产业升级，鞋类新材料的研究和应用得到广泛重视。随着国家发展节能环保产业战略的制定，生态纤维在制鞋行业中的应用取得了突破性进展。从生态纤维优良的形态结构出发，进行有针对性的功能化整理，或和功能化整理后的其他纤维进行混纺，展示出了很好的应用前景。

3.1.2　儿童足部系统生理特点

童鞋产品的设计，一方面要满足审美功能，另一方面要满足生理功能。前者要在风格上把握活泼可爱的总体基调，以引起儿童的兴趣。后者在儿童健康方面起到更重要的作用。合理的童鞋产品生理功能设计不仅能够保护儿童足部避免伤害，而且还会促进儿童足部的健康发育和成长。

人体足部系统由主动子系统、被动子系统和神经子系统三个主要部分构成。三个子系统的发展在儿童不同的年龄阶段表现出不同的特点。童鞋的产品设计要紧紧围绕不同的年龄特点，才能更好地保护足部健康安全，促使生长发育。

3.1.2.1　儿童足部被动子系统发育特点

儿童足部被动子系统主要包括骨骼、关节以及韧带。和成人足部骨骼的最大不同的点在于儿童足部骨骼骨化尚未完成，因此骨骼软骨较多，表现为骨骼柔软、可塑性好，足部关节不稳定。在1～2岁时，是婴儿刚刚学步的阶段，此时脚骨大部分没有骨化；到3～6岁时，足骨的短骨开始骨化，比如跟骨的载距突，具有承载距骨的作用，其开始骨化的时间是在5岁左右，成长时间要经过1～2年。骨的生长和发育的重要影响因素之一就是施加在骨骼上的负荷大小，往往骨的成长速度和施加于骨骼上的负荷成正比，负荷大，成长快，负荷小，成长慢。

骨与骨之间的关节也因关节囊薄而且松弛，表现出很高的不稳定性，最典型的表现就是儿童生理性扁平足。足部韧带未发育成熟，关节之间吻合较差，肌肉收缩力量较小，这些综合因素都促成了儿童生理性扁平足。生理性扁平足并不是病态的扁平足，它是生理成长的必然阶段。

儿童足部韧带具有较好的延伸性，其强度、刚度都较差，所以在支撑和维持身体姿势方面表现较弱。比如，跟舟韧带在2岁时才开始成长，其功能主要是悬吊舟状骨和距骨，这也是造成儿童生理性扁平足的主要原因。

3.1.2.2　儿童足部主动子系统发育特点

儿童足部主动子系统的主要构成要素是肌肉。足部肌肉是足部运动的动力来源，神经兴奋引起肌肉收缩，带动骨骼围绕关节转动才形成一系列的足部运动。如果足部肌肉收缩力量不足，一方面会造成足部运动关节幅度小，另一方面还会影响人体姿势的稳定性。足部的肌肉可以分为足内附肌和足外附肌。足内附肌包含足底方肌、拇收肌等，在调整足部刚度方面起重要作用。足外附肌包含胫骨后肌、踇长屈肌、趾长屈肌屈肌、胫骨前肌、腓骨长肌等。在维持足部足弓方面起到很重要作用。足部肌肉的成长，需要外界环境的不断刺激，引起肌肉做出相应的反射性收缩再舒张，只有这个过程不断反复加强，才利于足部肌肉的健康发展。关于儿童生理性扁平足，更多的专家建议不能使用具有足弓支撑的鞋子。其主要原因在于儿童在行走过程中，足弓会不断下塌造成足内外附肌拉伸，在神经系统的调整下反射性地收缩。这种反复外界刺激的条件反应性收缩，有利于足部肌肉的发育发展，进一步维持足弓稳定。等到足部肌肉力量成长到一定程度时，足弓的缓冲和支撑能力就会增强。儿童生理性扁平足自然消失。

3.1.2.3 儿童足部神经子系统发育特点

在足部运动中，主要由神经系统支配骨骼肌收缩，带动骨骼杠杆围绕关节转动，实现人体机械运动。神经系统的传导通路包含感觉神经传入和运动神经传出。在儿童发育成长阶段，神经系统尚不成熟，中枢神经处于泛化阶段，神经系统控制肌肉的能力不强，表现在动作的协调性差，多余动作较多。神经系统的发育和成长需要感觉器官刺激的不断传入，其中足部的触觉和肌肉中的本体感觉在足部的神经控制足部肌肉的能力发展中起到重要的作用。在儿童鞋设计，特别是婴幼儿学步鞋设计时，鞋底材料不能太厚，避免屏蔽儿童足部行走时地面反作用力对足部产生的触觉。

3.1.3 竹纤维童鞋设计案例

儿童足部和身体一样，尚处于生长发育时期。其足部皮肤细嫩，对外界温度敏感；软骨尚未骨化，形态生理性扁平；行走时步幅小、步频快、两足间距大。儿童足部生理与行走步态随成长的不同阶段表现出不同的特点，童鞋设计的合理性和舒适性直接影响儿童足部健康。本设计案例基于儿童足部生理特点，选用具有吸湿、透气和保温性好的竹纤维材料，并针对不同年龄段的行走步态特点采用相应的结构与功能设计，呵护儿童足部健康。不仅可以有效保护幼童脚部免受外界侵害，而且符合幼童脚部生长发育规律及生理机能特点的功能要求。为儿童的脚型发育提供健康的生长环境。

3.1.3.1 婴幼儿期童鞋的设计

婴幼儿（0~1岁）处于尚未学步或者刚刚开始学步阶段。该阶段的幼童脚部皮肤细嫩，触觉敏感。尤其是此时足部皮肤的温度调节功能较弱，对外界温度敏感，容易出汗。针对该年龄阶段的童鞋产品应选用触感柔和，并具有吸湿、透气和保温性好的竹纤维材料。该阶段儿童穿鞋的目的主要是实现户外活动时保暖御寒功能，隔离外界环境对足部肌肤、温度、湿度的影响。设计方案中除了外观形态上，其结构和功能上也要下功夫。考虑到儿童足部细嫩的皮肤，以及初学有时有蹬踹动作，鞋底的材料优选天然皮革。在帮面结构方面，采用容易开启的结构设计，但避免采用缚带式结构，以防带子将孩子脚部娇嫩的皮肤勒伤或擦破，浅口式结构结合魔术贴的方式是比较理想的款式。一方面可以实现快速穿脱，便于大人照料孩子；另一方面具有较好的包裹性能，在儿童穿着的过程中不容易丢失。

案例一　适用于婴幼儿期的童鞋设计（图2-37）

特点：

•环保、亲肤、符合婴幼儿期儿童生理机能。

•避免与地面直接接触，能有效刺激足部神经发育。

•开放型包裹方式，便于穿脱。

材料：

鞋面——竹纤维，优良透气性能。

鞋里——植鞣皮革，亲肤柔软，透气性强。

鞋底——植鞣皮革，柔软耐磨。

季节：春、夏

图2-37　婴幼儿期童鞋

3.1.3.2 学步期童鞋的设计

学步期儿童（1～2岁）刚刚处于学步阶段，大部分足部骨骼还是没有钙化的软骨。学步阶段步幅小、步频快，两足间距大，腿抬得很高，足尖先着地，脚着地较重。处于足短骨骨化阶段，舟骨的骨核开始出现，在一定范围内，骨的生长发育快慢主要取决于加在骨上的负荷大小，负荷大，生长就快，负荷小，成长就慢。此年龄段的儿童普遍存在生理性扁平足。

生理性扁平足也称假性扁平足，是儿童身体生长发育过程中，由于其足部肌肉、肌腱、韧带等各组织的力量性能不能满足儿童站立、行走、跑跳等活动造成的压力而引起的足弓变形，是某些儿童身体生长发育过程中的必然过渡阶段。针对该阶段儿童鞋的设计，以舒适、合脚、防滑、薄软的平底鞋为理想产品，以实现幼儿在学步过程中，能够保证足部的灵活性，保持行走过程中的触感。一方面要保证鞋底设计的易屈性能，在儿童蹒跚步态中，使足部肌肉能够得到充分的拉伸，形成充分的刺激兴奋，激活相应的中枢神经兴奋性，并反射性地引起足部肌肉收缩，使足部肌肉在不断的拉长和收缩中得到充分的锻炼，使其力量得到加强，神经系统得到良好的发育，又能提高婴幼儿学步时的稳定性，促进学步进程。

案例二　适用于学步期儿童的童鞋设计（图2-38）

特点：

•环保、亲肤、符合儿童学步期生理机能。

•鞋底前后方向防滑，符合儿童腿抬得很高、足尖先着地、脚着地较重的步态特点。

•开放型包裹方式，便于穿脱。

材料：

鞋面——竹纤维，优良透气性能。

图2-38　学步期儿童鞋

鞋里——植鞣皮革，亲肤柔软，透气性强。

鞋底——横纹牛筋，柔软耐磨防滑。

季节：春、夏

3.1.3.3 稳定期童鞋的设计

稳定期儿童（2～6岁）足部处于稳定成长的阶段，童鞋要合脚舒适，并且能够提供稳定性能和支撑性能，为足部创造自然生长发育的条件。鞋底材料的应用需要特别注意，应采用硬度较高的材料，以提供稳定的足部支撑，为足部和下肢的肌肉成长提供适合的运动生物力学和解剖学结构。同时鞋底的跖趾关节弯折处要设计合理，其产生弯折的部位符合儿童足的比例，避免将童鞋设计成为成人鞋的翻版，偏离儿童足部特征。在中底部位不需要额外设计减震功能，因为儿童足部骨骼有机物较多，骨质柔软，具有很强的吸震能力。腰窝部位避免足弓支持构件的设计，生理性扁平足不需要专门的措施进行矫正，只要足部肌肉能够得到充分的刺激，并且神经协调肌群的能力得到完善，将会发展出强有力的足部足弓。另外，该阶段足踝关节的关节囊较为松弛，内外侧韧带比较脆弱，关节的稳定性较差。因此，童鞋后帮要加强稳固结构的设计，以加强踝关节的稳定性，鞋子后跟杯要有较高的强度，以维持跟骨的中立位。

案例三　适用于稳定期儿童的单绊带布鞋设计（图2-39）

特点：

• 环保、亲肤、符合儿童稳定期生理机能。

• 较高鞋帮有助于距下关节稳定，反绒后吊加强跟脚性。

• 开放型包裹方式，便于穿脱。

材料：

鞋面——竹纤维，优良透气性能。

鞋里——植鞣皮革，亲肤柔软，透气性强。

鞋底——高弹牛筋，防滑纹理设计。

季节：春、秋

图 2-39　儿童竹纤维单绊带布鞋

案例四　适用于稳定期儿童双绊带布鞋设计（图2-40）

特点：

• 环保、亲肤、符合儿童稳定期生理机能。

• 后帮上口防脱两翼结构设计。

• 开放型包裹方式，便于穿脱。

材料：

鞋面——竹纤维，温暖舒适，透气性能好。

鞋里——植鞣皮革，亲肤柔软，透气性强。

鞋底——高弹牛筋，防滑纹理设计。

季节：春、秋

图 2-40　儿童竹纤维双绊带布鞋

3.2. 基于竹纤维的运动鞋成型方法研究

3.2.1 研究背景

自北京举办2008年夏季奥运会后，中国体育事业蓬勃发展，随之带动了体育消费的逐年提升。而近年来因国人生活方式和社交形态转变的影响，运动及运动时尚鞋成为鞋消费领域的主要战场。据不完全统计，2018年全球运动鞋市场规模达到1465亿美元，其中中国达到了可观的401亿美元。预测在未来5~10年，特别是"十四五"后，伴随政策扶持和运动生活方式的持续影响，以及移动互联网对消费传播的助力作用，运动鞋消费市场将会持续增长，并形成不断迭代的趋势。

本科研项目所研发的新型生物基竹纤维可持续纺织面料，是依托于环保健康理念，取材于符合可持续性发展的植物——竹子，其生长周期短，产量高，更拥有如上文中所描述的诸多特性。而新材料的产生，除对于织物本身的研究，更需要对其在各个应用领域进行可行性试验。

依托于以上前提和研究人员的行业背景，我们将以偏生活类运动鞋及休闲鞋作为主要研究载体，试验该材料应用的可行性。本次研究的主要路径分为三个阶段：研究定位、图纸设计、鞋款研发。

3.2.2 研究定位

设计定位阶段首先应分析对于鞋产品而言，以几种方式验证可以最大化实践新型生物基竹纤维可持续材料的可能性。如前文所述，新型生物基竹纤维可持续材料拥有抑菌防臭、强度高等特性，同时也因为竹纤维本身特性使得织物属于小延展性材料，考虑到这点，我们罗列如下几种方式：

（1）基于两种常见的不同鞋款类型：运动类（跑鞋）、休闲类（硫化鞋）。其中运动鞋以跑鞋为载体，跑鞋也是当前体育消费品行业的主力品类，其运动形态相对普遍。休闲鞋中以硫化鞋作为载体，硫化鞋是纺织面料应用广泛的休闲鞋品类，新型生物基竹纤维可持续材料的应用具有普遍性的研究价值。

（2）基于材料应用占比和面积的不同：整体使用、部分使用。基于目前运动及休闲鞋制造工艺来看，主要分为单一面料相对整体的应用和多种面料搭配使用两种情况。据此，本次新型生物基竹纤维可持续纺织面料应用实践分别以整体使用新型生物基竹纤维可持续纺织面料，和局部使用新型生物基竹纤维可持续纺织面料两种情况分别进行验证。

（3）基于物料搭配方式的不同：同皮革拼接、同织物拼接。鞋消费领域发展到今天，其面材主要分为两种：皮革和织物。皮革和织物因其化学特性的不同，制备方法的区别，其物理属性也有所差异。皮革制品一般分为动物皮革和人造皮革，其微观基本构成是细小纤维以生物基态或类生物基态组合，纤维之间彼此勾连交错，形成皮革产品独特的物理特性。而织物总体上来说是由植物副产品提取物、生物基提取物进行制纱后形成线性材料，再通过如针织、机织、编织等技术，使线性材料成为面料。所以，验证新型生物基竹纤维可持续纺织面料的适用性，一方面需要同皮革进行搭配使用，验证不同种类材料匹配后的物性特点；另一方面需要与同一属性的织物进行匹配，试验在制鞋工艺介入后，产品的可靠性和适用性。

（4）基于鞋底成型工艺的不同：冷粘、硫化。制鞋工艺中，除鞋面的相关技术方法外，鞋底和鞋面的连接方式更是非常重要的一个环节。常见的鞋底制造工艺主要为冷粘、硫化、注塑。而当前市场上99%以上的鞋款都来自于冷粘工艺和硫化工艺。冷粘工艺是通过鞋面刷胶后，同已经成型的鞋底进行粘连，再通过高温烘制，使面底连接。而硫化工艺则是需要先把生橡胶进行合理剪裁，手工贴合在鞋面上，随后进入硫化罐进行硫化反应，使生橡胶变成熟橡胶后，让面底紧密连接。两种工艺对于传统的皮革和织物都适用，但对于新型生物基竹纤维可持续纺织面料而言，需要进行分别的实验，验证新型生物基竹纤维可持续织物面料是否符合两种鞋底工艺的要求。

3.2.3 图纸设计与鞋款研发

本次实践研究最终落实到了如下几种方案，最大化地实现对于上文研究定位中所有情况的把握。

3.2.3.1 皮革拼接跑鞋

图2-41所示款型，运用Vibram EVA加橡胶鞋底，试验该材料和皮革拼接的特性。皮革区域设计多处转折，以及两个层次，以此试验不同细分情况下新型生物基竹纤维可持续纺织面料应用于跑鞋的实际效果。图2-41所示为工艺图和配色图。

3.2.3.2 采用Vibramip的射出大底

鞋面用莱卡网布与新型生物基竹纤维可持续面料进行拼接，并把拼接位置设置于鞋底通常的弯曲位，试验其效果。图2-42所示为工艺图和配色图。

3.2.3.3 低帮硫化鞋

试验新型生物基竹纤维可持续纺织面料全面积低帮鞋的应用效果，特别是和硫化工艺的契合度。图2-43所示为实物图和所选面料图。

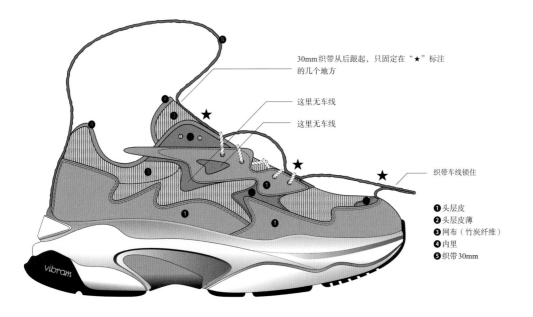

30mm织带从后跟起，只固定在"★"标注的几个地方

这里无车线

这里无车线

织带车线锁住

❶头层皮
❷头层皮薄
❸网布（竹炭纤维）
❹内里
❺织带30mm

配色1

织带荧光桃红

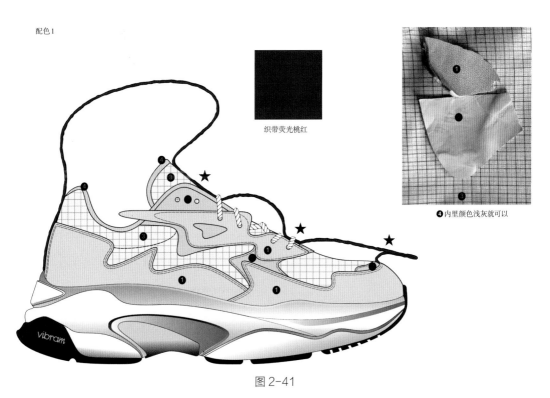

❹内里颜色浅灰就可以

图2-41

85

配色2

织带荧光绿色

❹内里颜色浅灰就可以

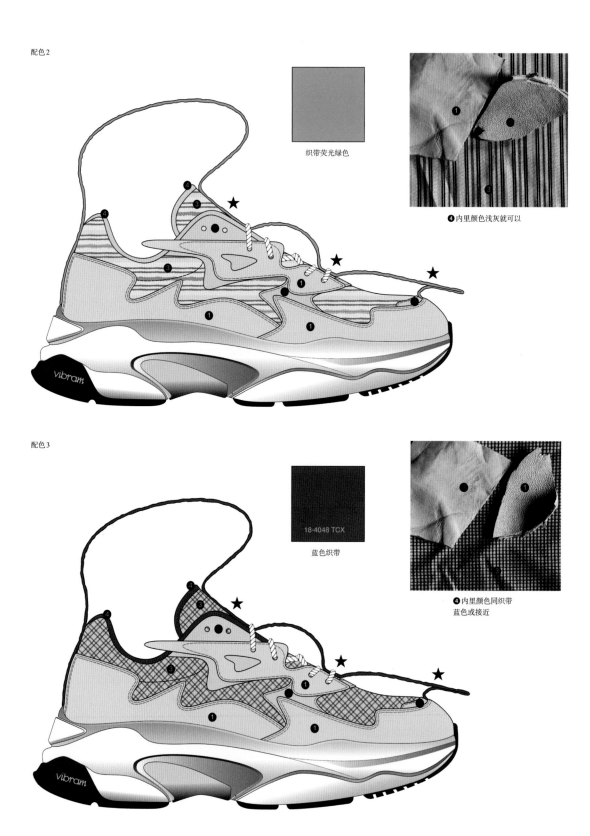

配色3

18-4048 TCX

蓝色织带

❹内里颜色同织带
蓝色或接近

配色4

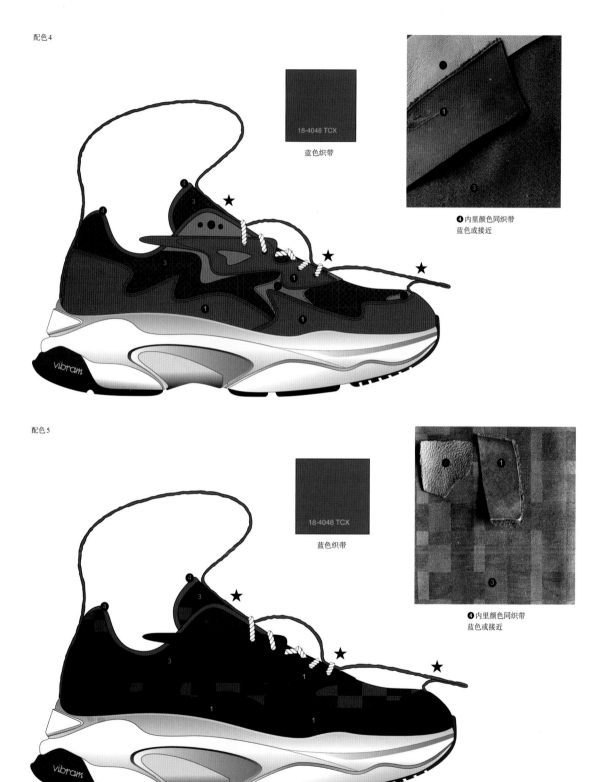

18-4048 TCX

蓝色织带

❹内里颜色同织带
蓝色或接近

配色5

18-4048 TCX

蓝色织带

❹内里颜色同织带
蓝色或接近

图2-41

配色6

17-5111 TCX	内里 车线 中底喷漆
11-0701 TCX	
	红色织带

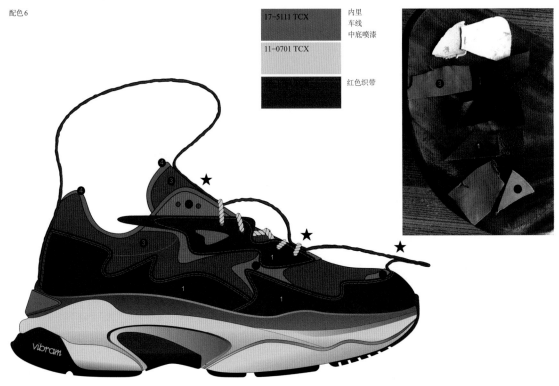

图 2-41　皮革拼接跑鞋的工艺图与配色图

❶头层皮
❷编织绳
❸弹性网布
❹竹炭布
❺内里
❻织带25mm

后跟松紧带固定编织绳

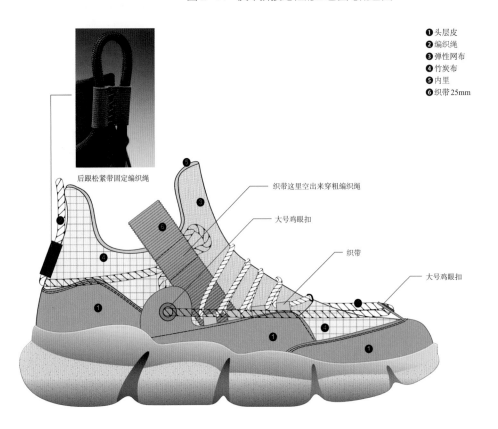

织带这里空出来穿粗编织绳

大号鸡眼扣

织带

大号鸡眼扣

配色1

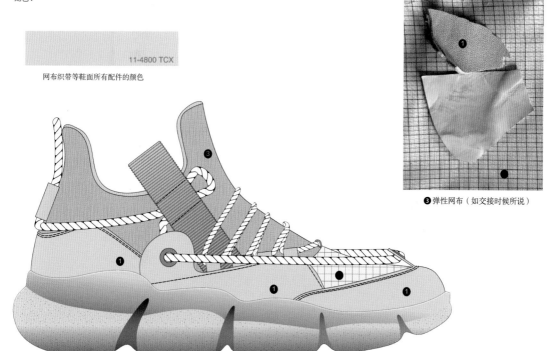

	11-4800 TCX

网布织带等鞋面所有配件的颜色

❸ 弹性网布（如交接时候所说）

配色2

13-5305 TCX	
	11-4800 TCX

网布、织带等鞋面所有配件的颜色

❸ 弹性网布（如交接时候所说）

图2-42

配色 3

网布
宽织带

网布

❸ 弹性网布（如交接时候所说）

配色 4

宽织带
织带

鞋面网布（黑色）

配色5

3

鞋面所有其他颜色

图 2-42　采用 Vibramip 射出大底鞋品的工艺图与配色图

图 2-43　低帮硫化鞋实物及所选面料

3.2.3.4 高帮硫化鞋

验证在更大面积使用新型生物基竹纤维可持续纺织面料高帮硫化鞋的质感和物性表现。所选面料同低帮硫化鞋。图2-44所示为高帮硫化鞋实物。

3.3 结语

通过上述设计和研发，利用新型生物基竹纤维可持续纺织面料制作对应产品，对前文提

图2-44 高帮硫化鞋

到的测试条件和目标进行梳理。

3.3.1 从鞋款类型角度

（1）新型生物基竹纤维可持续纺织面料因其延展性的局限，不适合于运动强度较高的鞋品款式。

（2）因为其环保、固色稳定、质地轻薄紧密的特点，较为适合于休闲类产品。

3.3.2 从材料应用面积占比角度

（1）新型生物基竹纤维可持续纺织面料在大面积使用时，因其无延展性的特点，不适用于特征复杂的产品表面。但因其较好的表面质感，可适用于造型简约工艺较少的鞋款。

（2）新型生物基竹纤维可持续纺织面料在部分使用时，表现良好。

（3）无论面积占比如何，当新型生物基竹纤维可持续纺织面料需要复合应用时，需要注意贴合刷胶的均匀度要控制良好，避免局部折皱的产生。

3.3.3 从物料搭配方式角度

（1）新型生物基竹纤维可持续纺织面料能够很好地同皮革材料进行拼接，但需要注意的是，由于皮革材料延展度和竹纤维面料的差异，两种材料拼接应采取搭位叠盖的方式，而不适用于反接拼合的方式。

（2）新型生物基竹纤维可持续纺织面料能够较好地与其他织物进行拼接，同皮革材料一样，织物拼接时也应尽量考虑搭位叠盖的方式进行，规避因延展度差异造成的问题。

3.3.4 从鞋底成型工艺角度

（1）基于冷粘工艺，因新型生物基竹纤维可持续纺织面料表面纤维质地细腻纤薄，无法进行粗糙度打磨，直接上胶会出现贴合不牢的问题，故该材料在应用于冷粘工艺时，应尽可能采取同皮料拼接的方式进行，且需要鞋身合底区域被皮革覆盖。

（2）基于硫化工艺，该材料应用基本可行。因硫化工艺是用软性的生橡胶进行鞋底贴合塑形后，再通过高温硫化工艺使生橡胶改性为不具可塑性的熟橡胶，从而较为牢固地附着在鞋体上。在本次试验的两个硫化款式里，硫化鞋底表现出较好的贴合性。

3.4 成品鞋展示

图2-45所示为本项目所设计各类运动鞋的成品展示。

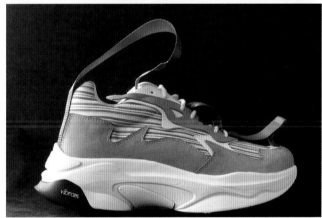

图2-45

图 2-45　各类运动鞋成品展示

参考文献

[1] 全国纺织品标准化技术委员会. GB 18401—2010国家纺织产品基本安全技术规范[S]. 北京：中国标准出版社，2010.

[2] https：//zhidao.baidu.com/question/1994202287121358907. html.

[3] 孙慧敏. 产品设计的可持续性研究[D]. 西安：西安美术学院，2016.

[4]（美）Nathan Shedroff. 设计反思：可持续设计策略与实践[M]. 北京：清华大学出版社，2011.

[5]（英）安妮·切克，（英）保罗·米克尔斯维特. 可持续设计变革[M]. 张军，译. 长沙：湖南大学出版社，2012.

[6] 刘伟时. 抗菌纤维的发展及抗菌纺织品的应用[J]. 化纤与纺织技术，2011（3）：22-27.

[7] 席丽霞，覃道春. 几种纺织纤维的天然抗菌性[J]. 上海纺织科技，2011，39（5）：9-11.

[8] 孙居娟. 竹纤维抗菌性能的研究[D]. 天津：天津工业大学，2007.

[9] 王越平，吕明霞，王戈. 天然竹纤维织物的服用性能测试与评价[J]. 毛纺织科技，2009（4）：1-4.

[10] 付罗莎，弓太生，李慧. 纺织品抗菌除臭鞋材研究现状[J]. 中国皮革，2015，44（18）：43-45.

[11] 张世源. 竹纤维及其产品加工技术[M]. 北京：中国纺织出版社，2008.

[12] 朱莉伟，史丽敏，蒋建新. 标准FT/T 73023—2006应用于竹原纤维织物抗菌性的研究[J]. 东华大学学报（自然科学版），2008（4）：401-404.

[13] 胡波剑. 多重作用机理的纤维素纤维抗菌材料研究[D]. 南京：南京理工大学，2014.

[14] 张赟琦，陈美玉. 涤纶/竹纤维非织造抗菌鞋垫的设计与性能[J]. 纺织高校基础科学学报，2017，30（2）：242-245.

[15] 张维. TENCEL带来生态制鞋理念[J]. 产业用纺织品，2016（11）：41.

[16] 安利霞. 汉麻有效抗菌成分提取及抗菌机理的研究[D]. 北京：北京服装学院，2013.

[17] 王丹，尉霞，徐达妮. 汉麻/棉混纺织物和纯棉织物服用性能分析[J]. 纺织科技进展，2015

（6）：42-44.

[18] 张建春，张华.汉麻纤维的结构性能与加工技术[J].高分子通报，2008（12）：44-51.

[19] 张建春，张华，张华鹏，等.大麻综合利用技术[M].北京：长城出版社，2006：1-55.

[20] 谭思.汉麻纤维活性染料染色性能研究[D].北京：北京服装学院，2012.

[21] KARTHIKEYAN G，NALAKILLI G，SHANMUGA O L，et al. Moisture management properties of Bamboo Viscose/Tencel single Jersey knitted fabrics[J]. Journal of Natural Fibers，2012，14（1）：143-152.

[22] SUSHEEL K，KAMINI T，CELLII A，et al. Surface modification of plant fibers using environment friendly methods for their application in polymer composites，textile industry and antimicrobial activities：A review[J]. Journal of Environmental Chemical Engineering，2013（1）：97-112.

[23] 蒋耀兴，彭伟良，金剑锋.功能性纤维材料的开发与应用[J].国外丝绸，2006（6）：23-26.

[24] 生俊露.静电纺纳米纤维防水透湿膜的加热/涂层改性及性能优化研究[D].上海：东华大学，2017.

[26] 明悦，陈英，车迪.纳米微晶纤维素的制备及其在拒水整理中的应用[J].纺织学报，2016（6）：1-6.

[27] 董朝红，吕洲，朱平.反应型含磷氮元素的聚硅氧烷的制备及其对棉织物拒水阻燃性能研究[J].功能材料，2013（18）：2601-2606.

[28] 邵强.凉爽纤维的制备及性能测试[D].天津：天津工业大学，2008.

[29] 王干，张佩华.凉感尼龙长丝针织物热湿舒适性能测试与分析[J].国际纺织导报，2015，43（2）：38-40.

[30] 郑秋生.玉石纤维的性能及应用[J].针织工业，2009（11）：9-10.

第三部分

数字化设计方法研究

1. 基于竹纤维面料的适老化家居产品算法图案生成方法研究

据国家统计局公布的统计数据显示，截至2019年我国60周岁及以上人口数量占总人口的18.1%，其中65周岁及以上人口数量占总人口的12.6%，预计到2050年前后，我国老年人口数量将达到峰值4.87亿，占总人口的34.9%。随着我国老年人人口比例的快速增长，如何改善老年人家居产品品质以提升目标人群的养老生活质量，已成为当下社会关注的重点话题之一。由于我国老年人家居产品的发展速度滞后于老龄化增长的速度，因此我国在此领域正面临着极大的挑战。本章节内容从信息数字化的社会发展背景和趋势出发，在针对目标人群的生理和心理需求相关研究的基础上，通过结合数字算法编程技术对传统的图案设计制作流程进行创新，进而探索其对家居产品设计过程的辅助作用。

1.1 老年人家居产品设计材料选择类比分析

老年人由于身体机能的衰退，在视觉、嗅觉与触觉等感官上敏感度下降，因此要基于老年人的身体机能特征及生活习惯，选择最适宜的家居产品设计材料。

首先，为符合老年人的喜好，家居产品的色彩选择不能单一固定，避免产生沉闷的压抑感，应当小面积地使用对比色、互补色以及光鲜的颜色，这就要求在家居产品尤其是软装产品的面料有较强的可上色性。

其次，家居材料的舒适性是满足老年人生理卫生的基本条件，宜选透气性好、吸湿性好、散湿性好，且对皮肤刺激小、静电少的天然纤维。在天然纤维中，竹纤维以其良好的生物相容性，能更好地维持身体的热湿平衡和新陈代谢，并且竹纤维材料具有防紫外线、抗菌除臭、吸湿透气、柔软顺滑等特点，是非常适合用于老年人家居纺织品的面料选材。

最后，无论是软装家居还是家居服装，材料的易清洁性和健康性对于老年人而言都是最重要的。布艺材料的问题之一是易落灰受潮，若居住环境长时间处于潮湿环境中，容易出现霉点、变色及黄斑等状况；另一个问题就是细菌、螨虫滋生，人体老化的皮肤脱落及汗渍，会在软体家居表面残留，当室温适宜细菌繁殖时，螨虫便会借机大量繁殖，进而造成各种呼吸道系统病症。

通过绿色设计，提高老年人家居设计的健康性、舒适性和自然性，并结合运用工艺、材料、色彩、造型等多方面手段得以实现适老化。在天然材料中，棉麻材质虽然有较好透气性和舒适性，但面料不抗皱，手感粗糙，并且棉麻染色基调偏暗，无论是光泽度还是饱和度都是相对暗淡的。在绿色环保面料中，竹纤维面料可以被称作是目前普遍使用的原材料之一，其主要原因有：第一，包容性强，竹纤维不仅具有较高的可纺性，而且能够与其他化纤类、绢类、毛类、棉类进行混纺；第二，吸水性强，竹纤维透气性比棉质材料高出3.5倍；第三，抗菌能力强，竹纤维具有天然保护肌肤、防臭、防霉、抗菌、抗紫外线的功能。

经本项目第一部分实验测试所形成的竹纤维面料具绿色环保、凉爽透气、恢复性好、可机洗、免熨烫、纤维染色性好、保健功能等特性。另外，竹纤维与棉、天丝、莫代尔、麻、丝、涤纶、腈纶等纤维进行不同配比的混纺，也可发挥纤维各自特点，弥补纯纺产品的缺陷和不足，提高产品的档次，迎合消费者的新理念。

1.2 适老化及数字技术跨界研究的必要性说明

首先，鉴于我国长期以来以居家养老为主的养老模式和计划生育基本国策的实施，大部分老年人即使面对日益缩小的家庭结构，也会选择在自己较为熟悉的生活环境中度过晚年。另外，由于对于家居用品以及生活质量有迫切需要的老年人，大部分集中在身体机能相对健康且能够进行自我管理的年轻老年人群体（据世界卫生组织对老年人概念的划分，60～74岁的人群被称为年轻老年人）。因此，如何改善老年人家居产品品质和提高养老生活质量将是未来社会发展不可避免的研究话题之一。

其次，从家居产品的行业发展来看，老年人尤其是针对年轻老年人的家居产品市场在我国有巨大的发展潜力。当前的市场现状表明，针对75岁及以上的老年人群体的医疗保健类产品占据主要份额，但是针对年轻老年人的家居产品，从质量、舒适性、审美性以及产品分类上，都存在明显的不足。另外，由于国家和企业对年轻老年人家居产品研发的重视程度不足，导致产品在使用方式和美观性上，都无法切实满足年轻老年人的真实需求。所以，如何通过设计的手段为该目标群体的家居生活和养老环境带来更多的人文关怀与便利条件具有非常必要的研究意义和价值。

最后，自20世纪90年代以来，以信息技术革命为中心的科学技术得到迅猛发展。在数字经济环境下，借由互联网的公共平台，产品的设计及生产方式已逐渐由机械化生产转向智能化生产、由标准化生产转向个性化创作、由集中生产转向"去中心化"组合，大规模标准化的刚性生产逐渐转向可定制化、迭代迅速的个性创作，每个人都有可能成为产品的创作者和消费者。数字及参数化技术嵌入传统图案设计及制图过程的创新发展探索，可有效推动传统产业向智能化、信息化的转变，从而推动传统工艺和技术升级，进而提高生产效率及经济效益。

1.3 适老化图形图案研究方法探索

1.3.1 年轻老年人生理心理变化研究

据统计，多数人在步入老年阶段后，其身体的各项机能逐渐衰退，一些生理问题会造成年轻老年人对色彩的感知力、识别能力和敏感度下降。因此，在进行年轻老年人家居产品的色彩设计时，应根据年轻老年人的生理及心理变化选择与之相应且适合的色彩明度、纯度和色相。在色彩搭配与组合方面，可考虑通过小而精的点缀色来加强色彩对于观者的刺激和感知。另外，有相关研究表明，老年人较容易出现负面情绪，如失落感、孤独感和自卑感。这些心理状态的缘由多为退休后生活的不适应、儿女成家后其生活状态的改变以及社会各方所给予的观照和重视程度不够等。因此，为年轻老年人所规划和设计的家居产品的色彩、材质和功能等相关方面的考虑需要同时将生理和心理方面都纳入研究范围。

1.3.2 年轻老年人图形图案风格研究

1.3.2.1 图形形状与状态表现

结合相关研究中关于图形形状与其相应的表现状态，我们可以了解到垂直线往往代表着力量、侵略性；平行线多象征着冷静、稳重；螺旋代表着发展与创造；对角线或斜线则会呈现出活力与进步的感觉。在图形分布上，矩形多代表着稳定性、权威、平衡与效率；圆形通常代表着团结、神秘、积极、温暖和运动感；椭圆则多代表着活力和多变；三角形体现出权利、科学、宗教、法律和男性化；自然元素类的图形则通常代表着有机、自然和活力；抽象形状呈现出独特性、风格化；对称形状可代表稳定可依赖性；不对称形状有时象征着活力、创新与进步（图3-1）。因此，在针对年轻老年人家居产品所使用的图形选择上，应尽量避免出现较为尖锐的三角形元素和较为垂直的图形构成的组合。

1.3.2.2 色彩选择与构成组合

首先，在主基调的选择方面，应尽量选择偏柔和、静态，明度差距不能过大的暖色调，如暖绿色调、黄色调、橙色调、红色调（图3-2）。相关研究表明，高明度且低纯度的色彩能给人带来轻快、柔和和明亮的感受，较为符合老年人的视觉感受偏好。而温暖绚丽的颜色能够让老年人从心理上更易接受，能够带给老年人阳光、活力的感受，有助于缓解老年人的负

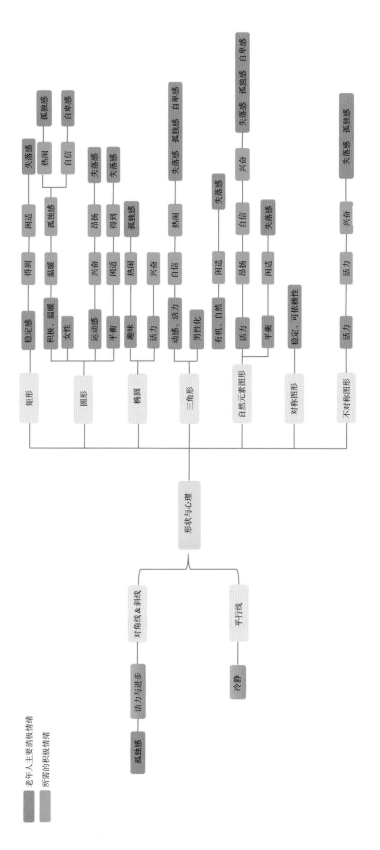

图 3-1　不同图形形状对应的心理状态

面心理和情绪。同时，自然色系中的绿色也是老年人相对偏爱的颜色之一，原因是绿色能给人带来祥和、自然与宁静的舒适感。应尽量避免大面积的单一颜色或过灰、过纯等不同属性色彩的组合。

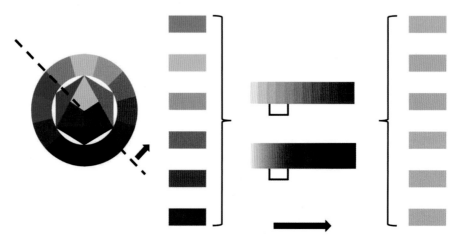

图 3-2　色彩划分及建议选择区间说明

其次，在色调排布规律方面，针对老年人设计的色彩不能暗沉也不能选择反光度较高的颜色。应尽量选用明亮柔和的暖色为主基调，以同一色系或色相相近的色彩搭配最佳，同时应尽量避免大面积使用纯度过高的颜色，应多用复色。还可借助对比度较大的配色为点缀色，作为环境中重要功能上的区分。

最后，在颜色配比规律上，由于低明度能够给人带来厚重、沉静的感受；中明度给予稳定和柔和的感受；高明度则可以给人带来明亮、优雅的感受。所以，将低明度、中明度、高明度进行合理的搭配与组合，便能够实现更加稳定、统一的界面。比如，主色调60%+与主色调成相似色关系的颜色30%+点缀色10%的颜色配比规律是比较常用的，也是较为安全的一种配色比例，能够带来比较舒适的界面节奏。在此过程中，可根据图案的丰富程度来调整主色调和相似色的色彩变化，但是明度和色相差距不应过大，还需保持整体色调的和谐（图3-3）。

1.3.2.3　问卷调查测试与验证

基于年轻老年人生理及心理变化而形成的关于图案中图形形状与色彩选择的分析和相关研究，本文有针对性地在二手资料信息库中选择基本符合目标用户需求的图形图案，同时结合已形成的配色方案，共同整理形成调查问卷，面向年轻老年人群体，通过在线填写的方式对前期研究的信息反馈进行测试与验证，以寻求更加准确的且符合目标用户人群的家居产品

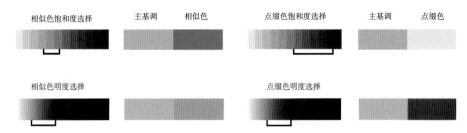

图 3-3　色彩配比与组合举例说明

图案设计偏好。在问卷题目的设定与选择上，为尽量忽略与研究本身不直接相关的内容且有效保护被调查者的个人隐私，在被调查者的个人信息中仅保留年龄区间选项，以求得更加贴近于目标用户群体的反馈结果。在问卷视觉呈现及其他设置上，由于考虑到被调查者的阅读习惯，问卷中的题目及文字内容均采用了字号较大且字体较为清晰直观、符合较年长人群阅读方式的表达。在问卷的评测体系上，为每道题目设置了分值，1～5分分别代表由"非常不喜欢"到"非常喜欢"的状态。同时，问卷还提供了20种家居空间色彩搭配（图3-4），供被调查者选出自己观感最佳的色彩搭配（限定最多选择三项）。据统计，最终获得线上有效填写问卷数量共为140份，其中符合年轻老年人年龄区间的有效问卷数量为105份（图3-5）。

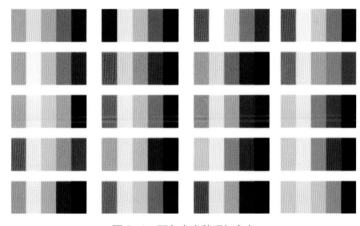

图 3-4　配色方案整理与参考

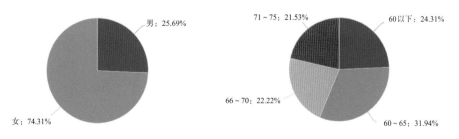

图 3-5　被测参与者人群性别及年龄统计

通过对有效调查问卷结果进行统计总结可知，在图案偏好问题的三张得分最高的视图中，植物纹样占比最多，且其中单个图形元素皆形态圆润，整体画面构成中具有点线面组合构成、构图疏密自然的特征。另外，从色彩测试结果中可以看出，被调查者更加青睐以暖色为主导的配色方案，且分数较高的三组配色中均存在递进式色阶构成（图3-6）。

图3-6　图案及色彩调查结果

1.3.2.4　图形图案提取与转化

综上所述，较年长目标人群在家居产品图案的选择上，偏好饱满、较疏朗的自然纹样，较喜欢具有淡雅过渡色的暖色系色彩组合。因此，在随后的图形图案设计实践环节中，课题组选择了以象征家庭和睦的合欢花、寓意守候的栀子花以及代表珍惜的木棉花三种植物为主要对象，对其花朵、叶片和枝干部分进行抽象化转绘，生成符号化图形元素，以方便下一步算法语言的撰写与输入。通过实践可看出，所选择的三种植物花型饱满，枝叶形状规则有序，符合问卷结果推测最佳图案倾向的要求（图3-7）。

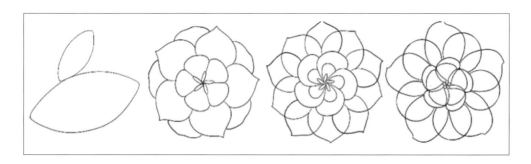

图 3-7　植物抽象图形提取案例

1.3.2.5 图案及配色模拟呈现

由于通过编程算法生成的画布图案具有很大的随机性，所以为了保证最终图案成果的有效及高品质输出，在正式进入程序编写前课题组尝试首先将提取出的符号化元素与偏好色彩进行组合，通过改变画布中不同色彩的占比和画面中单个元素的旋转角度与规格大小，以模拟最终输出效果。同时，通过调整不同图层的透明度及层叠顺序，以营造画面中的纵深感和空间感，从而更好地满足目标用户群体对家居空间产品的需求（图3-8）。

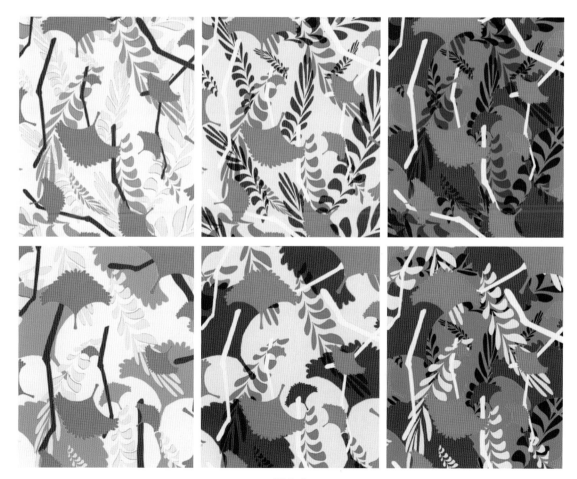

图 3-8

图 3-8　模拟算法编程图案生成结果

1.4　数字参数化图案生成方法研究

1.4.1　数字技术用于图案设计的必要性

图案是纺织品设计、服装和服饰设计等领域内一个非常重要的组成部分。传统图案的产出方式多以手绘为主，虽然能够切实体现绘图者丰富的情感和精湛的技术，但其流程根据图案的复杂程度所耗费的时间也相对较多。随着互联网的发展，图案绘制平台逐渐从线下转移至线上，借助各类绘图软件和触控绘板等相关配件即可完成。但这类型的线上图案形成只是单纯地改变了图案绘制的平台，仍然需要通过人、工具、经验等多方面配合共同完成，两种方法所需耗费的时间不相上下。最重要的是，以上两种类型的实践方法其输出均为单张图案，为获得大量且不同图案的生产，就需不停重复每次的实践步骤。由于巨大的时间成本，无法快速应对大工业生产以及快速更新迭代的服装服饰产业需求。借助数字技术所形成的参数化图案快速批量生成方法，不仅可以解决传统纺织图案绘制的诸多弊端，提高产出效率，同时还可以将数字等虚拟信息以实践的方式落地，获得相应的产品成果产出。

1.4.2 数字参数化图案生成方法

1.4.2.1 图形元素分层设计

在这一环节中，课题组结合Processing编程原理，首先对概念画布进行分层处理。编码时为实现对每种特定元素的精准调控，一幅完整画布往往被分出多个画层，即各元素单置一层，可通过对其参数进行修改而形成多种变化。该部分实践以"图案及配色模拟呈现"阶段中的一张图案效果为参考，将画面分成五层（图3-9），继而通过对背景、两层叶片图层赋予不同色彩及透明度形成层叠递进的空间感，之后辅加线性枝干丰富画面，实现图层划分鲜明的需求。其中，主体栀子花的明度设置为最高，堆砌的叶片则选择与背景形成较强对比的色彩组合，树枝则使用色彩组合中的深色部分。

图 3-9 图形元素分层设计示意图

1.4.2.2. Processing编程算法撰写

由于目前对于编程算法语言绘制图形图案的实践尚处于研究的初期阶段，为更好地平衡图案产出效果和算法语言编写难度之间的关系，课题组在实践过程中已有意地避免了过于复杂、密集的曲线构成，最终选择栀子花及其枝叶的相关元素来进行数字化图案生成的探索尝试，原因是该元素主体纹样多为中心对称构成，且图形状态平和稳重，与经过随机旋转和重叠生成的叶片可形成呼应与对比，从而起到调节画面的作用（图3-10）。

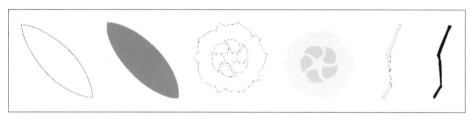

图 3-10　图形元素数字化编程生成示意图

在算法形式的编写与设计上，实践中一共选择了两种分布方式。一种是以花朵与叶片为代表的矩阵状随机性排布，另一种是以枝干为代表的固定坐标排布。原因是花朵与叶片所形成的图形图案个体目标较为饱满，较容易通过控制色彩透明度随机排布出较为和谐的画面布局；然而深色枝干在随机分布的模式下极易破坏画面内的和谐关系，通过固定坐标排布的方式（仅可改变旋转方向及尺寸）以人工干预手段可有效实现较为理想的效果，故选取特定编码措施。

1.4.2.3 调整参数以生成不同图案组合

在分层图形数字化编写完成后，可通过对各图层内的单体元素属性进行参数化修改（元素数量、最大最小面积、坐标、X轴及Y轴分割、旋转角度等），实现不同风格的图案生成（图3-11）。同时，通过嵌入"随机性指令"的算法程序，可实现在一定区域面积内、一定数量区间内、一定旋转角度内图案的迅速产出，每次刷新界面都会形成独一无二的画面布局效果。在图案的色彩输出方面，可通过CMYK数值的键入更改画布上所有同一元素的颜色，

```
let flower_big   =   0.1;
let flower_small =   0.1;

let flowerNum    = 500;
var fN = 1.3;    //X的分段型

let flower_big   =   0.2;
let flower_small =   0.2;

let flowerNum    = 200;
var fN = 1.3;    //X的分段
```

图 3-11　栀子花大小、数量参数调整效果部分截图

在避免数量较多的同色元素堆积、主次区分不明的情况下，元素的整体透明度也可调整。

1.4.2.4 画布图案选择与导出

得益于数字算法编程平台所形成的高效、迅速的图案输出技术，短时间内即可完成上百张图案设计。设计师和消费者用户可凭借自身的审美认知对较为满意的输出图案进行命名保存，如图3-12所示。图案输出包含jpg和png等较为常用的图片格式，方便设计产品的后期

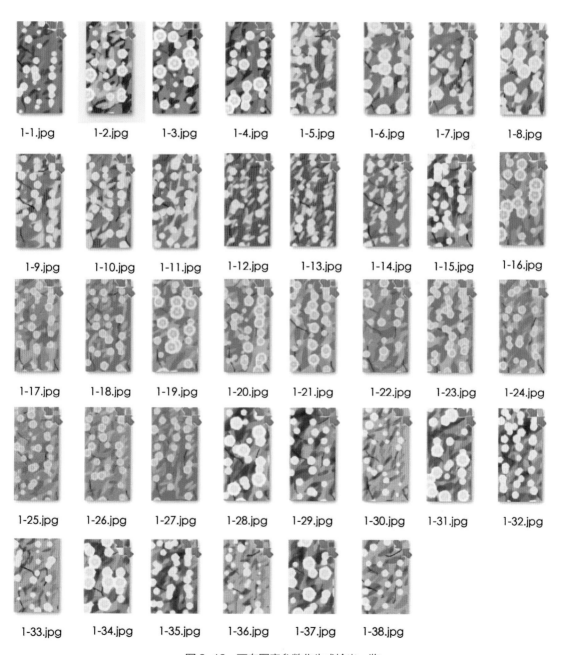

| 1-1.jpg | 1-2.jpg | 1-3.jpg | 1-4.jpg | 1-5.jpg | 1-6.jpg | 1-7.jpg | 1-8.jpg |

| 1-9.jpg | 1-10.jpg | 1-11.jpg | 1-12.jpg | 1-13.jpg | 1-14.jpg | 1-15.jpg | 1-16.jpg |

| 1-17.jpg | 1-18.jpg | 1-19.jpg | 1-20.jpg | 1-21.jpg | 1-22.jpg | 1-23.jpg | 1-24.jpg |

| 1-25.jpg | 1-26.jpg | 1-27.jpg | 1-28.jpg | 1-29.jpg | 1-30.jpg | 1-31.jpg | 1-32.jpg |

| 1-33.jpg | 1-34.jpg | 1-35.jpg | 1-36.jpg | 1-37.jpg | 1-38.jpg |

图3-12 画布图案参数化生成输出一览

转化及印花实现。综上所述可知，数字参数化图案设计方法具有机动性较高、调节便利、节省试错成本的巨大优势。

1.5 年轻老年人家居产品设计思考

1.5.1 家居服装设计理念

虽然大多数年轻老年人即使生活各方面能够自理，但是在其体态方面依旧会发生较大的变化。有相关研究表明，老年人的颈部脂肪易随着时间的推移而逐渐增厚，且全身肌肉多呈现松弛状态，腹部脂肪堆积较为明显，驼背较为严重，整体体态逐步丧失美感。但是考虑到当今年轻老年人的心态变化，纵使因为生理的衰退导致体态美感下降，但是在家居服装设计方面，仍应该重点考虑如何展示老年人独特的阅历美。从服装心理学的视角看，随着人们生活质量和年轻老年人审美的提升，家居服装作为日常家居生活的必需品，除了必要的实用性和舒适性，还要兼顾款式设计的审美，这是未来家居服装设计的主流趋势。

1.5.2 家居服装设计细则

现如今，家居服早已不是纯粹的睡衣，其涵盖的范围更广，其目的从广义上来讲是满足人们日常起居的服装。针对年轻老年人的家居服装设计，首先，需要做到以款式为主，款式要大方得体，在满足基本穿衣需求的前提下，还需要一定程度上修饰老年人的体型，掩盖缺点突出优点。老年人家居服较为适合中式的款型，考虑到老年人的胸围、腰围和臀围差值较小，但腹围差值较大，因此直筒型或A字型的衣身轮廓最为舒适，且袖子不宜过长，领口围度和袖子宽度都需要相应增加（图3-13）；其次，年轻老年人家居服装的色彩选择也需要满足老年人的心理需求，在未来的设计中，应当结合新时期年轻老年人审美观念的变化，在色相、纯度与明度上深入思考，做到沉稳与活泼的整体统一；再次，在设计细节上，要考虑年轻老年人不便弯腰和抬起上肢、不便屈膝、手部关节操作不便等机能障碍，加强家居服的易

图3-13　服饰家居产品设计案例

穿和易脱性，如采用开衫的方式并且将纽扣尺寸加大或改用粘扣和系带的方式（图3-13）；最后，在面料和工艺的选择上，要以纯纺或混纺的棉、麻、丝、毛、竹等天然纤维为主要材质和工艺，将设计和工艺二者结合，达到老年人家居服艺术性和科学性的统一。

1.5.3 家居产品设计思考

针对年轻老人的家居产品设计，应尽量遵守适应行为习惯原则、安全性原则、实用性原则、容错性原则、标准化原则、包容性原则和经济性原则。由于年轻老年人的视觉、听觉、触觉、敏捷性、协调性、力量等每况愈下，因此设计师在进行家居产品设计的过程中，应当充分利用多种感官的设计手段来提高信息传递的效率和准确度。例如，可以通过产品的标识、辅助性色彩来适当刺激老年人的视觉，以便于他们区分产品的功能区域和操作位置。另外，在家居环境中，产品采用特殊的材质同样可以帮助年轻老年人提高认知和感知能力。比如，家居产品上有物理按键，就需要增加手指与按键的接触面积，并且采用与产品其他部位不同的材质进行对比区分，便于老年人感知按键的位置从而提高操作的准确性。

面向年轻老年人的家居设计，我们应当给予更多的思考，通过产品合理的造型特征、功能布局、空间结构等，实现高效准确的信息传递和安全可靠的功能价值，达到家居产品的造型、结构、色彩、感知、认知等方面的综合平衡，最终达到产品的易用性、安全性、容错性、包容性、体验性和经济性的设计目标。

1.6 结语

适老化设计在我国人口老龄化问题渐趋严重的背景下变得尤为重要，在围绕该问题所展开的设计实践与研究中，对于产品本身的机能和工程等领域的研究固然重要，但作为较平面的家居环境空间内所呈现的图案及色彩状态同样具有非常重要的研究意义。希望通过本文中所提供的信息并结合传统的图案设计思路，借助数字化算法编程技术，从而实现较为高效的图案生成方法，为传统技法的创新设计和我国适老化设计提供新思路。

2. 智能算法介入未来时尚服饰图案设计系统研究

2.1 设计与智能生成

2.1.1 设计中的智能化转变趋势

随着计算机技术、生物技术不断发展，设计之于社会，有了更新的发展前景与智能化趋势。智能化作为因技术发展而频繁出现在各领域探讨范围中的词汇，本身具有跨学科性、交叉性的特征，其概念又因广泛出现在不同领域，而具有一定的模糊性。在设计领域，智能化往往与信息数字化、自动化的概念相接近或相重叠，其范围却又更宽泛。

有学者试图为智能化概念做出一些定义或解释。例如，有人曾指出："智能一般具有这样一些特点：一是具有感知能力，即具有能够感知外部世界、获取外部信息的能力，这是产生智能活动的前提条件和必要条件；二是具有记忆和思维能力，即能够存储感知到的外部信息及由思维产生的知识，同时能够利用已有的知识对信息进行分析、计算、比较、判断、联想、决策；三是具有学习能力和自适应能力，即通过与环境的相互作用，不断学习，积累知识，使自己能够适应环境变化；四是具有行为决策能力，即对外界的刺激做出反应，形成决策并传达相应的信息。具有上述特点的系统则为智能系统或智能化系统。"

这一定义，特指某些设备中所展现出的"智能化"倾向，而在设计领域，又习惯于借用智能化来诠释某些新的设计现象，这一现象或趋势主要集中于设备所展现的拟人化智能范畴之中。设计周旋于人与人造物之间，借由实体而论，以手机为载体的互联网世界，近年来所获信息量呈指数级增长，设计借助信息转而形成对其的促进作用，进而体现出其智能化倾向。

2.1.2 未来服饰设计中的扁平化设计应用

未来服饰设计中，由于智能媒介的产生与介入，完全改变了传统的设计流程及设计思维。在智能生成、虚拟体验、定制化风格的背景下，设计师不再是产品设计的主导，因为在大数据及互联网时代，应更加以用户为设计中心，而在这些新技术的加持下，用户可以自行进行相关设计行为，如自主设计定制化图案、图案产品设计应用体验、产品智能配套生产等。所以，在未来，设计环节具有扁平化的应用趋势以及用户自主性干预设计的特点。

2.2 服饰设计中的传统与创新

2.2.1 传统服饰设计中的局限性

传统的服饰设计中，从业者需要大量的实践经验和理论学习才可以进行相关的设计，但是随着智能技术的产生，从根本上改变了设计环节，也更加符合智能制造的国家需求政策转变。2015年国务院颁布了《中国制造2025》，提出了精密制造领域的关键环节，开展新一代信息技术与制造装备融合的集成创新和工程应用，依托产业优势，紧扣关键工序智能化等。2017年国务院发布的《新一代人工智能发展规划》中提到，将全面推动人工智能与制造业的融合，解决中国制造业在推进智能化转型过程中面临的问题。2018年工业和信息化部提出了《新一代人工智能产业创新重点任务揭榜工作方案》，表明了应集中发展人工智能产业及成果产出。随着互联网的发展，图案绘制平台逐渐从线下转移至线上，借助各类绘图软件和触控绘板等相关配件即可完成。因此，设计环节中，使用者也可以进行自主发起的定制化需求设定。

2.2.2 服饰创新媒介与应用

随着科学技术的不断产生与发展，现代服饰设计的媒介及使用场景都发生了巨大的变化。其实，在服饰设计的发展过程中，许多的从业者都在引领这个时代的发展并具有极强的先锋性。在这个领域中已经进行了不同程度的创新媒介应用设计。传统的奢侈品行业一直坚持手工制作的高级定制风格，但是近几年由于市场定位的改变，其设计也进行了相应的调整。不仅在VI视觉上采用了非衬线体，同时在产品设计中也大量使用了智能材料及智能设计思维。产品设计中的智能化程度也有所不同，分别体现在产品设计阶段、产品生产阶段、产品展示阶段。其中在设计阶段，由于智能媒介的介入，不仅设计师可以进行操作，非专业人士也可以进行图形设计。国外网站Logo Maker（图3-14）就可以让操作者在几秒钟内生成衣服中的Logo图形，操作者并不需要进行专业学习，而是通过智能算法，快速给予用户不同风格迁移产生的设计结果。

《基于规则学习的传统纹样统一生成模式研究》是针对传统纹样的自动化生成模式进行研究，利用对传统纹样基本元素的造型规律进行自主化生成，形成新的纹样造型，完成一种智能化的风格迁移（图3-15）。

其实在智能化图案设计过程中，更多的不仅是方便设计师快速生成图案，而且能够更快速、更便捷地让非专业性用户可以将直观的感受进行可视化的图案呈现。在整个设计大环境中，由于3D打印、数字印刷、机床雕刻等实践工艺的普及，这就让设计系统不只是停留在

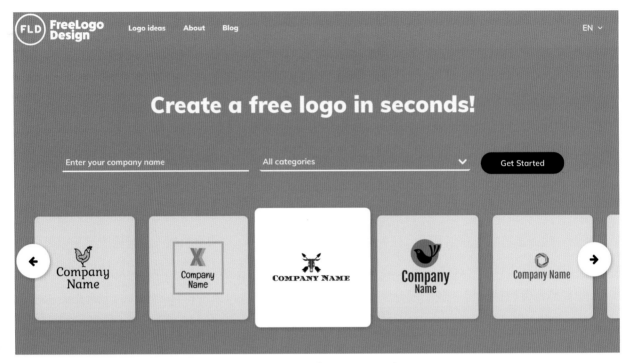

图 3-14　Logo Maker 网站

（a）卷草纹元素　　　　　　　（b）卷草纹基元　　　　　　　　（c）卷草纹图案

图 3-15　基于规则学习的卷草纹生成模式

设计图纸中，而是能够真切地服务于智能制造的生产环境中。

2.3 智能服饰图案设计系统

2.3.1 智能算法与开发平台

人工智能技术已经成为现今服饰产品设计的趋势。传统的服饰图形图案通过设计师进行实物描绘。在这个过程中，需要大量的时间进行相关领域的学习与实践才可以进行较为复杂的图形图案设计。在智能设计背景下，基于 Grasshopper 平台利用 Python 编程语言进行未来服饰图案设计系统的研发。该系统可以实现服饰图形图案的智能风格化算法、智能渐变纹理算法、智能动态图形算法，并且针对图案的输入阶段、生成阶段、渲染阶段、输出阶段进行一体化的整合，从而让人工智能生成技术解决传统服饰设计中的应用创新问题。

通过调研选择了图形图案智能化算法的风格设置，分别为主体图形分解立体风格算法、2D立体附着物体风格算法、几何参数绘制生成算法、阵列对称风格化算法（表3-1）。

表3-1 基础算法类比分析

案例解释	功能—简述	效果图（结果）
主体图形分解立体风格算法	将主体形象进行碎片式拆解再进行平面化或立体化的图形创新	
2D立体附着物体风格算法	平面图案立体化附着，可针对三维网格进行二维图形的应用	
几何参数绘制生成算法	绘制几何元素、线、三角形和圆，利用几何元素绘制图案	
陈列对称风格化算法	使用阵列、对称、扭曲等方式进行图案生成，并针对颜色进行风格化转取	

2.3.2 智能化服饰图案系统设计模式

此次关于智能化服饰图案生成模式的研发，主要是利用智能化生成技术介入传统服饰设计风格创新。该系统原理及过程操作如下（图3-16）：

（1）生成原理选择阶段，用户需选择导入基础元素或选择利用算法独立生成图形图案。

（2）调整参数阶段，通过调整图案颜色、位置、大小、对称、扭曲、阵列等不同维度，进行图案生成的多样性实践。

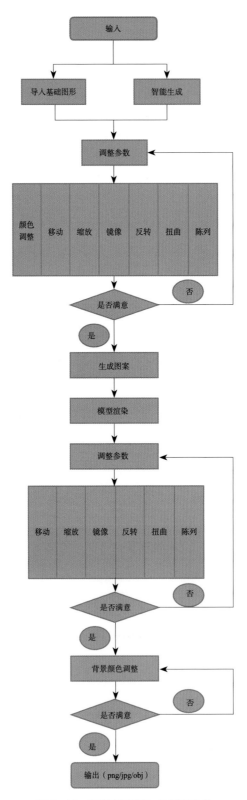

图 3-16 智能化图案生成系统模式

（3）图案应用渲染阶段，在进行了图案生成的调整及用户反馈之后，利用该系统针对生成的图案进行相关产品应用渲染，满足用户对于图案的实际生产效果的需求，从而进行有效评估，提升图案产品应用的准确性。

（4）图案导出阶段，服饰产品的品类丰富，会导致需求图案文件格式和质量的差异性。本系统主要针对这个特殊情况，设置了图形图案导出格式及大小的功能。

2.3.3 智能系统的可视化呈现

关于算法生成系统的可视化呈现，主要是利用产品设计常用的犀牛（Rhino3D）平台中的Grasshopper功能的可视化程序 Human Ui 。其是 Grasshopper 新的界面示范，Human UI 的界面与绘图区分开，并且可利用 Windows Presentation Foundation（WPF），将一个图像系统彩现成适合 Windows 环境使用的使用者界面。换句话说，Human UI 让您的 GH 定义感觉像一个 Windows 应用程序。能够建立标签试图、动态滑块、下拉式选单、核取方块，还有看起来精致的 3D 视图区以及网络浏览器，使用者与观看者都能够很容易了解。这在很大程度上可以解决非设计师的常规化应用场景的开发，更加符合智能化设计的初衷。

针对本项目的智能化图案生成系统的设置，可视化界面主要满足以下五个功能板块分布：菜单栏板块、算法种类选择板块、参数调节板块、渲染产品种类板块、操作生成板块。其中，菜单栏主要包括新建文件功能、清空文件功能、更新画布功能、存储文件功能。算法种类选择主要有布局设计、风格化设计、几何图形设计、组合式算法设计。参数调节板块针对生成图案的颜色、大小、阵列、蒙板等功能进行相应的调整。渲染板块主要针对服饰产品基本造型进行图案 3D 立体渲染。而操作生成板块就是针对不同的功能操作进行即时反馈，更好地将所产生的变化通过可视化的界面呈现给用户（图3-17）。

2.4 智能系统实践应用

2.4.1 科技人文与时尚设计风格

通过调研与分析，未来服饰图案设计风格中具有"科技土著"的特点，其主要是指在未来设计中，科技元素与人文元素相结合。而在此次的设计环节中，主要设定的是两个方向的视觉风格，一个是科技人文，另一个则是科技时尚。在科技人文风格中，利用自然界中的物像进行相应智能化改造（图3-18），而科技时尚更多是利用几何元素进行算法生成（图3-19）。在几何算法生成阶段，初期利用线性进行独立几何构成图形生成，相对分割过于明显，在后期进行了整体化线性穿插，尝试进行整体构建。可以明显地看出，后期的图案更加灵动和整体，同时也更具备科技感（图3-20）。因此，在"科技土著"的风格引领下进行差

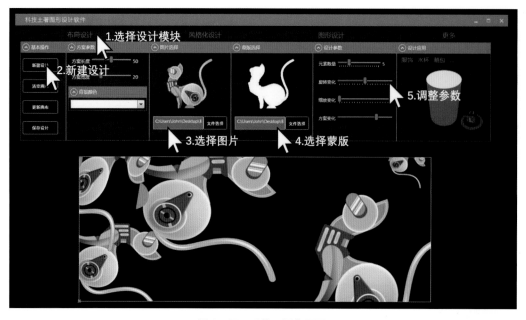

图 3-17　系统可视化界面

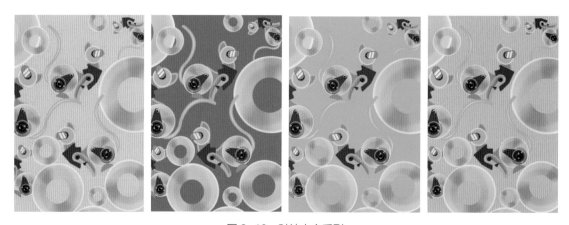

图 3-18　科技人文系列

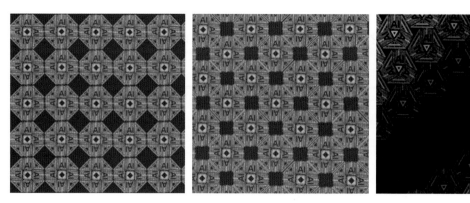

图 3-19

图 3-19 科技时尚系列初期

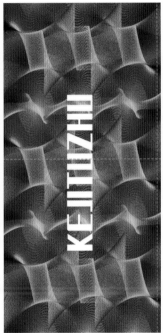

图 3-20 科技时尚系列后期

别化的限定风格造型探索，为之后的产品设计提供更丰富的素材。

2.4.2 产品制作与空间展示

在智能图案生成阶段，进行了"科技土著"的两个方向上的风格研究。此次主要利用数字化打印技术，对竹纤维改性面料进行图案印染。服饰产品设计主要集中在服装、帽饰、箱包、丝巾等几个品类。因为不同的服饰产品尺寸不同，产品上的图案大小需要相应调整，以保证在一定的距离内可以更好地展现图案的美感。因此，在不同品类应用设计中，使用者需要进行图案大小的调整，以满足其可识别性。"科技土著"风格包含了潮流的设计元素，在

构建产品时，通过几何色块、字母等元素进行设计创新（图3-21～图3-24）

关于此次图案生成产品的空间展示部分，由于图案颜色饱和度高、图案复杂突出，同时为了符合图案的未来感，在展览的时候印刷了背景板，这样融合了空间中的产品，更好地形成沉浸式科技感体验空间（图3-25）

在产品设计的过程中，出现了印刷色彩的饱和度过高的问题，也对设计系统进行了调整。相对于生成环节、渲染环节，实际制作环节会由于材料、工艺等问题产生视觉效果上的偏差。因此，在智能化设计模式中，每个阶段都需要进行连接和大量的试验，以保证设计转化生产的一致性与稳定性。这样，通过智能媒介，用户可以更直接准确地得到定制化的服务。

图 3-21　科技时尚服装设计

图 3-22　科技人文服装设计 - 女款

图 3-23　科技人文服装设计 - 男款

图 3-24 科技土著服饰产品设计

图 3-25 图案生成产品的空间展示

参考文献

[1] 郁新颜. 老年服装卫生安全性能与设计[J]. 北京纺织，2005，26（2）：55−56.

[2] 邵炜丹. 纺织面料特点对现代家居产品设计的影响[J]. 染整技术，2017（11）：83−84.

[3] 黄梅花，程浩南，毛宁. 竹纤维在纺织品设计中的应用[J]. 产业用纺织品，2018，36（12）：32−36.

[4] 中华人民共和国国家统计局. 2019年年度数据[EB/OL]. http：//data. stats.gov.cn/easyquery.htm？cn=C01.

[5] 乔晓春，胡英. 中国老年人健康寿命及其省际差异[J]. 人口与发展，2017，23（5）：2−18.

[6] 范周. 数字经济下的文化创意革命[M]. 北京：商务印书馆，2019.

[7] 姜德珍. 老年人情绪、情感的变化与调适[J]. 解放军保健医学杂志，2002，4（1）：57.

[8] 王洪波. 情绪心理在艺术设计色彩中的应用研究[D]. 齐齐哈尔：齐齐哈尔大学，2013.

[9] 彭玉琪. 色彩心理学在老年康复医院室内设计中的应用研究[D]. 成都：西南交通大学，2018.

[10] 李晖. 老年服装的人性化设计研究[D]. 齐齐哈尔：齐齐哈尔大学，2012.

后记

本书编写基于学院的一项北京市高水平师资团队建设项目的实践研究成果。虽然这是一项以教师团队建设为目标、以课题研究和设计实践为手段的师资培养项目，但团队在建立之初就明确了原则，必须要以科学严谨的研究态度、具有创新价值的研究成果作为重要评价标准，来切实促进教师的成长和团队建设目标的达成。团队还制订了严格的研究计划和管理规范以保障项目顺利实施。回顾三年来团队在各个阶段的研究工作，都执行了扎扎实实做研究、认认真真出成果的既定原则。也正因此，每位教师都拓展了自己的专业领域，在科研素质和能力等方面也取得了长足的进步。在此感谢团队中各位教师的努力付出和通力合作！也感谢项目负责人兰翠芹教授对大家的激励和在各个方面给予的有力支持！

全程或者部分参与本项目课题研究、设计实践和书籍图文内容编写的还有学院优秀的本科生和研究生。"竹纤维在儿童包袋产品设计中的应用"部分为笔者本人负责，带领研究生李栋、王雪婷同学完成，他们从包袋设计、制作到部分文字的编写都参与了较多工作；"竹纤维在童鞋产品设计中的应用"部分的负责人为赵碎浪老师，本科生王茹琰同学辅助参与本部分图片整理工作；"基于竹纤维的运动鞋成型方法研究"部分的负责人为周小凡老师，参与设计实践的同学有本科生王晨晨、安佳亮、管文晰、赵雨洁；"基于竹纤维面料的适老化家居产品算法图案生成方法研究"部分的负责人为魏勤文老师，参与本部分研究实践、文字编写以及配图工作的同学有研究生赵笑囡和本科生刘一苇、刘妍希、韦远骥；"智能算法介入未来时尚服饰图案设计系统研究"部分的负责人为王涛老师，参与本部分研究实践、文章编写以及配图工作的有研究生徐杨、韩卓昊和本科生刘燕超、许传舒。在此一并表示感谢！

李雪梅

2021年10月